CALIXTO LÓPEZ

ACEITE DE COCO
DIETA Y
METABOLISMO

ACEITE DE COCO

DIETA Y

METABOLISMO

**Calixto López
(2019)**

PRÓLOGO DEL AUTOR

Día tras día salen a la luz nuevas publicaciones sobre los aceites vegetales que barren los diferentes ámbitos de estos singulares productos alimenticios. Algunas de ellas carecen algo de rigor y pueden paradójicamente ser las más leídas, sobre todo cuando prometen que con estos se pueden realizar "curas milagrosas", criterio basado únicamente en una apología desmedida de sus propiedades. Otras son extremadamente cautas y en ellas prevalecen artículos científicos sobre ensayos experimentales: *in vitro*, en animales de experimentación o en humanos, algunos bien fundamentados y otros puede que con el objeto de rellenar algún currículo, aunque confiemos en que sean los menos. Pero de todas formas estas son las fuentes más fiables aunque puede que reposen de por vida empolvadas en revistas especializadas de por si de limitado acceso. Por supuesto no por culpa de sus autores.

En auxilio de este tipo de trabajos, Internet se ha convertido en una ayuda extremadamente valiosa, y se pueden encontrar numerosos artículos, incluso originales, y en el peor de los casos interpretaciones de los mismos por diferentes personas, algunos alejados del quehacer científico, lo que posibilita que se puedan incurrir en errores de interpretación o de redacción, lo que puede afectar considerablemente la originalidad del contenido que llega a los lectores.

Este problema puede tomar mayor dimensión en la lengua castellana, donde no abundan las revistas especializadas y se hace necesario traducir los contenidos de otros idiomas, con lo que se amplía el margen de error. Decimos en la lengua castellana, porque la mayoría de los mismos se hallan en los idiomas originales de los autores o a lo sumo traducidos al inglés, con lo cual el error se multiplica de traducción en traducción.

La información y propaganda que circula en la red y otros medios de divulgación sobre las extraordinarias bondades de determinados aceites vegetales es muy amplia y ésta se hace utilizando diferentes vías: videos y artículos escritos, incluso hasta la publicación de libros, o la inclusión de temas en revistas y semanarios, y en ellas en muchas ocasiones se pondera o exagera la acción de un aceite vegetal en particular en el tratamiento o la prevención de diversas afecciones, algunas muy delicadas y otras sobre las que se promete la belleza eterna aunque la persona haya cumplido cien años, por decirlo de alguna manera. Sin embargo, hasta ahora no existen las curas milagrosas y mucho menos la juventud eterna, y si no consulten a un amigo o enemigo silencioso, según se le tome, pero muy riguroso en sus apreciaciones: el espejo.

Claro está, donde hay disparidad de criterios hay polémica y de todos los aceites vegetales el que más se ha visto involucrado en esto en los últimos tiempos es el aceite de coco, sin que hasta ahora se llegue a un acuerdo en sus verdaderas propiedades y aplicaciones, y si estas son funcionales o no. De manera que unos dan por hecho que con él se curan múltiples afecciones tales como la epilepsia, el Alzheimer, la obesidad, y otras más, sin contar su uso sobre la piel y su acción fungicida y bactericida cuyo estudio no constituye el objeto de este libro.

Por otra parte, otros dan por hecho que el aceite de coco es un peligroso alimento dada su elevada concentración de ácidos grasos saturados, mayor del 90 %, mucho más alta que en los demás aceites vegetales, incluido el no muy bien ponderado aceite de palma, por lo que constituye un factor de elevado riesgo de las enfermedades cardiovasculares.

Mientras la polémica no vaya más allá de la vía oral o la escrita, no hay mucho que temer, y puede semejarse entonces a las acostumbradas controversias entre los seguidores de diferentes clubes de fútbol o de baseball, aunque la comparación tal vez sea algo exagerada viendo lo que ocurre en los últimos tiempos entre los hinchas dentro de los stadiums y fuera de ellos.

El problema con este y otros aceites vegetales comienza cuando las opiniones vertidas son asumidas y seguidas al pie de la letra por las personas que poseen algún tipo de afección que se promete pueda ser tratada con estos, lo que las lleva en grado extremo a interrumpir algún tipo de tratamiento clínico debidamente indicado, por lo que se ven arrastradas a un incierto resultado.

Mucho se habla de las propiedades funcionales del aceite de coco, pero ¿qué hay de cierto en esto?, ¿qué pruebas lo avalan?, hasta donde puede llegar su efectividad. De esto precisamente trata este libro, de encontrar respuestas para estas interrogantes, pero con evidencias científicas extraídas de las publicaciones recientes de investigadores y especialistas que han hurgado en este complejo y escabroso campo ahora sometido a fuertes polémicas.

Una clave, una especie de código puede constituir una guía para lograr estos propósitos, algo relacionado con la particular y original composición química, o perfil lipídico del aceite de coco, quizás su secreto mejor guardado: su alta concentración de triacilglicéridos de cadena media (**MCT**) y los **cuerpos cetónicos** que se forman en el organismo mediante su metabolismo y que pueden desempeñar un importante rol en zonas neurálgicas que sufran alguna afectación y presenten dificultades para oxidar la glucosa, quizás esto nos pueda ayudar a fundamentar y predecir su comportamiento. Con estas herramientas enfocaremos la esencia de estos complejos problemas, independientemente de cual sea el resultado o las conclusiones a que se arribe.

Sobre todo lo anterior versa este libro que en sí consta de siete capítulos, incluyendo uno introductoria. El capítulo I trata sobre la original composición del aceite de coco, el segundo sobre su rol en la Dieta Cetogénica como génesis de las investigaciones desarrolladas hasta el presente y el papel de los triacilglicéridos de cadena media en ella, el tercero centra su atención en las evidencias relacionadas sobre su posible rol en el tratamiento o prevención del Alzheimer, el cuarto sobre el metabolismo del aceite de coco y su efecto sobre las enfermedades cardiovasculares, aspecto este el más complicado de todos y en el que se hace difícil arribar a conclusiones finales, el quinto sobre la incidencia de este aceite en el sobrepeso y la obesidad y el sexto y último, sobre formas y métodos adecuados para incluirlo en la dieta diaria y que ésta sea lo más completa y nutritiva. En ese orden están escritos, pero si el lector desea variarlo u omitir alguno, solo se recomendaría que antes de sumergirse en el último tenga alguna noción sobre la naturaleza y composición de este aceite y el rol metabólico de los **MCT**.

Por último, es necesario resaltar que a este libro sirvió de embrión otro que le antecedió centrado específicamente en el aceite de coco, la dieta y la obesidad, por lo que rogamos disculpen cualquier reiteración de contenidos entre ambos libros, aunque este, por supuesto es mucho más extenso en volumen e información, también en profundidad y que para el mismo se contó con la opinión de especialistas de diferentes regiones del mundo que tuvieron la amabilidad de hacernos llegar sus criterios y sugerencias; las cuales, sin excepción, nos sirvieron de gran estímulo y utilidad para llevar a feliz culminación este proyecto; para todos ellos nuestro más sincero agradecimiento.

ÍNDICE

INTRODUCCIÓN

Los aceites vegetales tal como se conocen, constituyen alimentos básicos indispensables para el adecuado funcionamiento del organismo humano. Sin embargo, consumidos de forma arbitraria, sin conocer su perfil lipídico y propiedades nutritivas, pueden resultar perjudiciales para la salud, con lo que se revierte drásticamente su posible rol.

Hay muchos tipos de aceites vegetales y cada día se adiciona alguno más a la lista, aunque generalmente se emplean unos pocos, los más conocidos, que a la vez son los que más abundan en los mercados minoristas de todo el mundo. Cada aceite vegetal posee una composición o perfil lipídico diferente al de los demás, que es el causante de sus propiedades físicas y químicas, y de las posibles aplicaciones derivadas de estas. Entre los componentes que forman parte de los aceites sobresalen los triacilglecéridos o ésteres de la glicerina con ácidos grasos de diferente estructura y naturaleza que son los que definen las propiedades particulares del aceite.

Dentro de los aceites vegetales, el aceite de coco presenta propiedades muy particulares que lo diferencian de los demás, las cuales han motivado que en la actualidad se le dedique especial atención, en él se conjugan factores muy específicos relacionados con su original perfil lipídico, en el que predominan ácidos grasos saturados de cadena media, muy diferente al que existe en los aceites comunes, en que abundan más los ácidos grasos de cadena superior a 14 átomos de carbono. Estos ácidos, como en todos los lípidos, están asociados a una molécula de glicerina mediante la esterificación de los **OH** de esta molécula, que en total son tres.

CH_2OH-$CHOH$-CH_2OH
Glicerina

Al contar con tres grupos **OH**, la glicerina, también llamada propanotriol, puede adicionar tres moléculas de ácidos grasos que pueden ser de igual o diferente naturaleza, para originar lo que se llama triacilglicéridos o más simplemente triglicéridos. En los aceites vegetales comunes los ácidos grasos que predominan son el ácido palmítico (C16:0), el esteárico (C18:0), todos ellos saturados, el ácido oleico (C16:1) y el linoleico (C18:2), insaturados. En el aceite de coco por el contrario, el ácido graso predominante es el láurico (C12:0), con más del 50 % de su composición, así como otros de menor tamaño como: mirístico (C14:0), cáprico (C10:0) y caprílico (C8:0), todos ellos saturados.

El aceite de coco no resulta un producto de existencia

frecuente en los supermercados y establecimientos minoristas como los demás aceites comunes, aunque anualmente se producen más de 2,8 MTM en el mundo, preferentemente en países con clima tropical, y la mayor parte de ellos con una economía emergente o en desarrollo. Paralelamente, este ha tomado interés en los medios de comunicación y de divulgación científica, incluyendo los relacionados con la red, atendiendo a un grupo de propiedades farmacológicas que se le atribuyen, incluyendo su posible efecto sobre enfermedades cerebro-encefálicas como la epilepsia y el Alzheimer, última de las cuales, para las que por su complejidad, no existen tratamientos eficaces.

A pesar de lo anterior, por su perfil lipídico rico en ácidos grasos saturados, aunque de cadena media, no puede inducirse que el aceite de coco no esté asociado con las enfermedades cardiovasculares, aunque en este sentido aparecen defensores y detractores de esta tesis. También, atendiendo a que los ácidos grasos de cadena media son más fáciles de metabolizar en el organismo, hay quienes defienden que la energía asociada a los mismos se consume con rapidez, evitándose o disminuyendo su almacenamiento en el tejido adiposo, y por consiguiente desempeñando un rol positivo en la lucha contra la obesidad y el sobrepeso, todo esto conjugado con una dieta adecuada.

Como se expresaba, el aceite de coco es una grasa vegetal con un particular perfil lipídico en que los ácidos grasos que prevalecen son los de cadena media: láurico (C12:0), cáprico (C10:0) y caprílico (C8:0), lo que dota a este producto de un sinnúmero de interesantes y originales propiedades.

Hoy día existen numerosas evidencias para considerar al aceite de coco como un alimento o producto funcional o útil en la prevención o tratamiento de algunas afecciones, a pesar de que algunos sectores de la comunidad científica duden de su eficacia, mientras, en la esfera tecnológica las opiniones se dividen entre los partidarios o beneficiarios de esta industria y la dura o brutal competencia con otros aceites en el sector oleícola internacional.

En torno a la polémica, por una parte está la popularidad que está teniendo este aceite en los medios de propaganda como cura eficaz en el tratamiento de múltiples dolencias, aunque aún sin suficientes pruebas concluyentes que lo avalen, por lo que se tiende en algunos casos a exagerar, o atribuir propiedades y beneficios para la salud que este aceite no tiene, o su efecto es en menor cuantía de lo deseado, con lo cual en el mismo saco se incluyen otras que en efecto sí tiene. En este sentido circulan noticias, incluso videos, sobre cientos de afecciones – y no exageramos - que pueden ser tratadas con este *"maravilloso producto"*, lo que más que una defensa contribuye a su cuestionamiento.

Otras fuentes, incluso especializadas, tienden a buscar en el aceite de coco, o demostrar, que no influye, o lo hace negativamente en el tratamiento de diversas afecciones, o que puede constituir un factor de riesgo de las enfermedades cardiovasculares, atendiendo a su alto contenido de ácidos grasos saturados. En este último caso las opiniones están muy divididas, mostrando un papel crítico diversas instituciones internacionales como la American Heart Association (**AHA**), independientemente de que al parecer, aún no se hayan encontrado pruebas concluyentes sobre su rol y posible efecto en ellas.

Por otra parte, resulta común en el comportamiento de las personas el que si presentan alguna afección y se hable de las *maravillas* de un producto, traten de encontrar en él un remedio para sus males, así: si se tiende a la calvicie, su uso para el cabello, si se presentan afecciones epidérmicas, en el tratamiento para la piel, si se es obeso para adelgazar, y así sucesivamente, con lo cual se acude al producto valorando de antemano resultados que no se han comprobado, lo cual puede ocasionar que se aprecien cualidades en él que no lo son, o se cree predisposición al no lograrse lo esperado.

Y es que ese producto o *panacea universal* para el tratamiento de todos los males no existe, aunque hay fármacos, alimentos funcionales u otros productos de amplio espectro, dada su compleja composición química, que en efecto pueden ser de uso más general que otros, como ocurre por ejemplo, con el *Allium sativum* L. (ajo) que por contener compuestos organosulforados en su composición, desempeña diferentes funciones como agente hipolipemiante, hipoglicémico, antioxidante y bacteriológico, entre otras.

Con los aceites vegetales el problema toma un carácter muy particular, pues se olvida en los análisis valoraciones que son mezclas complejas de composición variable, en las que están presentes numerosas sustancias, pese a que se simplifique su definición como mezclas de triacilglicéridos, pero estos generalmente vienen acompañados de otros componentes con efecto generalmente beneficioso para la salud, aunque no en todos los casos.

De esta forma, los componentes secundarios que acompañan al aceite de oliva y otros aceites vegetales vírgenes complementan su efecto nutritivo sobre el organismo, y no hay que olvidar que aunque sean constituyentes menores, su acción puede ser de relativa intensidad, o al menos bastante representativa. Así, en el aspecto negativo, los alérgenos del maní cacahuete), algunos de los cuales pueden acompañar al aceite aunque en pequeña proporción, son capaces de causar efectos drásticos en personas propensas a la alergia a algunos constituyentes de este alimento. Un caso similar ocurrió con la colza en lo referente al ácido erúcico considerado una toxina natural, que obligó a realizar importantes investigaciones en la década del 60 del siglo pasado hasta obtener una variedad de planta con bajas cantidades de este ácido de cadena larga, esto es: *la canola*, cuyo aceite actualmente es uno de los de mayor producción y consumo en el mundo entero, por encima del de girasol, el maíz, el de oliva y el de algodón, entre otros.

Paralelamente, los tocoferoles, compuestos polifenólicos, vitaminas, fitosteroles, sales minerales, etc, que acompañan a los aceites vegetales vírgenes son beneficiosos para la salud, algunos de ellos de marcada acción antiinflamatoria, como el *"oleocantal"*, recientemente aislado de determinados lotes de aceite de oliva griegos, con acción semejante al ibuprofeno y que puede constituir una forma eficaz de empleo para ayudar a compensar el estado de salud de personas que necesiten de ese antiinflamatorio, aunque sus cantidades en el aceite de oliva sean muy pequeñas para suplantar el tratamiento del fármaco, o que no se halla en todos los aceites de oliva vírgenes.

Con respecto al aceite de coco, este más que en las manos científicas se encuentra en muchos tejados: en los medios de comunicación, en el de la opinión pública, hasta en el fanatismo religioso, y en la mente de muchas personas sencillas necesitadas de remedios eficaces para sus afecciones, que ven en él un elemento

14

esperanzador en el tratamiento de sus males.

Parece entonces, que la comunidad científica y los especialistas en el tema deben tomar partido en esta polémica y más que caer en cabildeos y discusiones bizantinas, establecer sobre bases científicas lo que puede haber de cierto o no en las atribuciones funcionales básicas que se hacen de este aceite.

En un reciente libro publicado por el autor sobre el aceite de coco, como parte de un estudio sistemático que ha estado realizando sobre cada uno de los aceites vegetales básicos que se consumen en el mundo, este defendía que **el aceite de coco, más que todo, es un aceite vegetal con una composición química particular, que determina sus propiedades y características básicas** y como tal había que verlo y emplearlo en lo que realmente era más útil de acuerdo con esa composición. No pasó por alto en este estudio, la principal característica de este aceite relacionada con su original perfil lipídico, compuesto por triacilglicéridos de ácidos grasos de cadena media (**MCT**) que es el que le confiere sus propiedades fisicoquímicas y su llamativo estado sólido a temperatura ambiente, así como los efectos sobre el organismo humano derivados de este perfil.

Con este aceite vegetal, y con todos los estudiados con anterioridad, se ha tratado de hacer prevalecer la idea de lograr la identidad propia de cada uno de ellos, y que no se vean como productos secundarios subordinados a un remedio u otro, y en este caso el aceite de coco es el que más precisa de ser tratado como tal, habida cuenta además, que su producción se sitúa en el 10mo lugar en el ranking mundial, y que es consumido por millones de personas en todo el mundo.

En esta ocasión el reto es mucho más complicado, por cuanto el contenido de este libro puede estar de acuerdo o no con las opiniones y suposiciones de personas de diferentes comunidades sociales y hasta científicas, por lo que como en otras ocasiones, el autor se atendrá a dar su juicio cuando existan pruebas o evidencias concluyentes, o que resulten en axiomas o corolarios que no precisen comprobación de que **el aceite de coco es un alimento funcional** y puede resultar útil en la prevención o la atenuación de algunas afecciones, aunque no alcance la magnitud que a veces se espera, o se deseara.

Como preámbulo en el enfoque del efecto funcional del aceite de coco sobre diferentes aspectos del metabolismos humano, es preciso tratar dos importantes aspectos que sirven de base para comprender la naturaleza y propiedades de este aceite y que son los que fundamentan su acción sobre el organismo en lo referente a su composición o perfil lipídico a partir de las investigaciones realizadas sobre la dieta cetogénica, los cuerpos cetónicos, y el papel que desempeñan los **triacilglicéridos de cadena media (MCT), el secreto mejor guardado del coco y su aceite.**

CAPÍTULO I

Composición del aceite de coco

1.- Aceite de coco

Como se había expresado, el aceite de coco es una grasa vegetal muy peculiar, que se diferencia en mucho de los demás aceites básicos en cuanto a su perfil lipídico, lo que le confiere propiedades y características un tanto especiales, máxime si por tal motivo actualmente se fija su atención en la polémica creada en torno a si es beneficioso o no su empleo en la alimentación, y su efecto sobre la salud humana.

La polémica, como se exponía, en este caso, está servida y algunos valoran y sobrevaloran al aceite de coco como una panacea con múltiples beneficios para el bienestar y el metabolismo del organismo, en virtud a su rara y alta composición de ácidos grasos saturados de cadena media (**AGSCM**), mucho mayor que la de los demás aceites comunes. Otros, en virtud a su alta concentración de grasas saturadas, incluso superior a la del aceite de palma africana, consideran que constituye un factor de riesgo para las enfermedades cardiovasculares (**ECV**), y sobre todo para mantener niveles adecuados de colesterol y lipoproteínas de baja densidad.

Los aceites comunes: **girasol, canola, palma, soya, maíz, maní, algodón y oliva**,   fundamentan sus propiedades en un eje central principal relacionado con la concentración de prototipos básicos de ácidos grasos de cadena larga como: **palmítico, esteárico y oleico,** los dos primeros saturados (**AGS**) y el tercero monoinsaturado (**AGMI**). En algunos resalta también la presencia significativa de ácidos grasos poliinsatutarados (**AGPI**) como el **linoleico**, con dos dobles enlaces en la cadena hidrocarbonada y **linolénico**, con tres. Pero en todo caso nos referimos a ácidos grasos con cadenas hidrocarbonadas iguales, o mayores de 16 átomos de carbono.

El aceite de coco, sin embargo, presenta un perfil lipídico particular en que prevalecen ácidos grasos saturados de cadena hidrocarbonada media, en que sobresale el ácido **láurico** (C12:0) con una concentración del 47 % o más, y otros de menor longitud de cadena: **caprílico** (C8:0): 8 %, **cáprico** (C10:0): 6 %, que le confieren a este aceite propiedades y características muy especiales, además de que el elevado indicador de ácidos grasos saturados - sobre el 90 % (Se incluye el **mirístico** (C14:0): 18% y el palmítico (C16:0): 9%) - incide significativamente en sus propiedades físicas, sobre todo la relativamente alta temperatura de fusión 24-26 ^{0}C (75,2-78,8 $^{\circ}$F)que hace que en los países de clima frío, o templado, se presente como una sustancia sólida blanca, no así en los meridionales, o de clima cálido, en que se puede presentar como un líquido ligeramente amarillo muy pálido, o incoloro.

Esta peculiar composición del aceite de coco no es el único elemento que determina que se haga una valoración diferenciada del mismo, porque composiciones diferentes muestran otros aceites como el de cacahuete con valores relativamente significativos de ácido aráquico (C20:0): 1.5 %) y behénico (C22:0): 3,0 %) o el propio de la colza original que contiene aún determinada proporción de ácido erúcico (C22:1) 2-5 %, o el de soja con niveles superiores al 50 % de ácido linoleico (C18:2) y más del 5 % de ácido linolénico (C18:3) y otros indicadores más que le dan la el color, textura, el gusto y caracterizan a estos aceites.

Por lo que si solo fuese el problema de la composición lo que le atribuye importancia al aceite de coco, tal vez este no mostrase relevancia y cualquier análisis del mismo se realizaría centrándose principalmente en su perfil lipídico particular. Existe otro factor sumamente importante y no es siquiera el económico, sino más bien social, relacionado con la atención mediática que se le está dando en los medios de comunicación, incluyendo por supuesto la red, y por diferentes autores, sobre todo por aquellos que magnifican sus propiedades beneficiosas para la salud u otros que rechazan vehementemente esta suposición; lo que consciente o inconscientemente puede causar problemas, sobre todo en las personas más propensas a creer ciegamente en lo que se oye o se escribe.

En esencia, antes de hacerse referencia a la polémica, se puede definir que el aceite de coco es una grasa vegetal que se obtiene de la masa blanca del coco, fruto del *Cocos nucifera L.*, extraído por prensado (**virgen**) y luego purificado, blanqueado, desodorizado y en resumen, refinado (**aceite de coco refinado**)

El aceite refinado de coco (**RBD**) se presenta como un líquido amarillo pálido o incoloro a temperaturas superiores a la de fusión: 24-26 °C (75,2-78,8 °F), o semi-sólido con textura semejante al lardo (manteca de cerdo) a temperaturas ligeramente menores a la de fusión, incluso, duro y quebradizo a temperaturas por debajo de los 15 °C (59 °F). El aceite virgen guarda los olores, el gusto y los aromas del fruto, mientras el refinado tiende a ser inodoro e insípido. Actualmente el precio de este aceite en el mercado minorista europeo supera el de los aceites vegetales comunes, incluso hasta el del muy apreciado aceite de oliva.

1.1- Bases de la polémica.

La naturaleza y composición del aceite de coco, donde predominan los **AGSCM,** es considerada por algunos como que estos son mejor asimilados por el organismo y por consiguiente más fáciles de metabolizar, y que no existen pruebas suficientes para considerar que su carácter saturado pueda estar asociado a las enfermedades cardiovasculares o causantes de elevar el colesterol sanguíneo y otros indicadores relacionados con el daño aterosclerótico, como las lipoproteínas de baja densidad (**LDL**). Aunque en artículos recientes sobre experimentos en humanos, se hace referencia a que sí eleva estos dos indicadores, pero también las lipoproteínas de alta densidad (**HDL**), con lo que se contrarresta su posible efecto negativo. Pero de todo esto aún no se han extraído evidencias concluyentes.

Se sustenta también la teoría en cuanto a los efectos beneficiosos del aceite de coco en que el ácido láurico y el caprílico se encuentran formando parte de la leche materna en proporciones ligeramente superiores al 6 y el 2 %, respectivamente, también que se hallan, aunque en menor proporción, en la leche de ganado vacuno y de otros tipos de rumiantes como las cabras. Además, y asociado con lo de la leche materna, ésta posee ciertas propiedades antimicrobianas que podrían ayudar a las defensas del organismo. Es cierto que se ha reportado este efecto sobre algunos tipos de microorganismo, pero en humanos se necesitaría de más pruebas para establecer correlaciones confiables.

Otro aspecto que podría resultar relevante sobre las bondades del aceite de coco es lo relacionado con su posible efecto para contrarrestar y ralentizar afecciones cerebro- encefálicas como la epilepsia y el Alzheimer, en dependencia del grado de desarrollo de la enfermedad, el sexo, y las características metabólicas del individuo.

Algunos productores de aceite de coco con fines farmacéuticos indican que los triacilglicéridos (**TAG**) conteniendo **AGSCM** son poco frecuentes en la dieta humana, a diferencia de sus homólogos de cadena larga, base de nuestra alimentación lipídica, y concluyen que comparativamente estos proporcionan más energía a las células por su rápida absorción y oxidación, ya que en los otros es más lenta y compleja. Consideran además, que estos muestran menor capacidad para acumularse en el tejido adiposo, y por último, su no intervención en el ciclo metabólico del colesterol, mientras que en los demás sí intervienen en el mismo, aunque esta cuestión merece una mayor profundización antes de afirmarse tan categóricamente.

Atendiendo a lo que expresan las organizaciones internacionales para la salud, habida cuenta de la alta concentración de ácidos grasos saturados (**AGS**) en el aceite de coco, la mayoría es del criterio de moderar o atenuar su uso como alimento, donde se incluyen: la **OMS** (Organización Mundial para la Salud), en Estados Unidos la Administración de Alimentos y Medicamentos, el Departamento de salud y Servicios Sociales, así como en el Reino Unido El Servicio Nacional de Salud. Los elementos que apoyan sus planteamientos están relacionados con la elevada concentración de ácidos grasos saturados que contiene este aceite, del orden del 90 %.

Por otra parte y para finalizar, la controversia se ha centrado en tratar de ver el aceite de coco como un remedio natural o un fármaco, con lo que se restringe las posibilidades de empleo de este producto, por cuanto debe tratarse y verse tal cual es: **un aceite vegetal de composición original y compleja** cuyos usos deben centrarse en su perfil lipídico y en las múltiples posibilidades de empleo derivadas de este, claro está, y de acuerdo con un análisis centrado en verlo como un **ingrediente nutricional o producto alimenticio**.

2. Perfil lipídico del aceite de coco

Hasta ahora, en esta parte introductoria se han mencionado con frecuencia diferentes ácidos grasos componentes del aceite de coco, por lo que es recomendable centrarse de momento en su perfil lipídico:

Composición de ácidos grasos en el aceite de coco (g/100 g de aceite).

C8:0 Caprílico   8
C10:0 Cáprico   6
C12:0 Láurico   47
C14:0 Mirístico 18
C16:0 Palmítico 9
C18:0 Esteárico 2,5
Total AGS 90,5

C18:1 Oleico   7
Total AGMI 7

C18:2 Linoleico 2,5
Total AGPI: 2,5

Es necesario destacar que en el mercado se presentan varios tipos de aceite de coco que difieren ligeramente en su composición. Ante esta situación el estudio se centrará preferentemente en el aceite de coco virgen obtenido por presión en frío sobre la masa de coco (copra) molida, que contiene los ingredientes básicos originales del fruto sin ser sometido a procesos de calentamiento o de refinación, y al aceite **RBD**, que es el aceite de coco refinado sometido a procesos de purificación semejantes al de los demás aceites comunes refinados, aunque con algunos matices.

2.1 Aceite de Coco RBD.

El aceite de coco **RBD** se presenta como un líquido de color amarillo muy claro, o incoloro a temperaturas superiores a los 26 °C (78,8 °F), debajo de esta temperatura es sólido, de color blanco, inodoro y exento de aromas y sabores extraños. Físicamente presenta una temperatura de fusión de 24 °C (75,2 °F) , o ligeramente superior, lo que depende de su composición, origen y los métodos de refinación, pero nunca superior a los 27 °C (80,6 °F)

Desde el punto de vista químico debe presentar las siguientes características, de acuerdo con las normas internacionales establecidas:

1. Índice de yodo g(I_2)/100 g = 8,0 – 12,0
2. Índice de acidez (láurico) máximo: 0,06
3. Índice de peróxidos meq O_2/kg. máxima: 10,0
4. Composición de ácidos grasos %.

-Caprílico (8:0): 6,0 – 10,0
-Cáprico (10:0): 5,0 – 8,0
-Láurico (12:0): 44,0 – 50,0
-Mirístico (14:0): 16,0 – 20,0
-Palmítico (16:0): 8,0 – 11,0
-Esteárico (18:0): 2,0 – 4,0
-Oleico (18:1): 4,0 – 11,0
-Linoleico (18:2) 1,0 – 3,0

Salta a la vista, tan pronto observar el perfil lipídico del aceite de coco, la elevada proporción de ácidos grasos de menor tamaño de cadena molecular que los acostumbrados a encontrar en otros aceites básicos, en esencia, en los aceites más comunes: girasol, colza, palma africana, soja y maíz. Estos ácidos son: láurico

(C12:0): 47 %, y, mirístico (C14:0):18 %, también que las concentraciones de ácido caprílico (C8:0): 8 % y cáprico (C10:0): 6 %, no son nada despreciables, y por último que la concentración de ácido oleico (C18:1) es mucho más baja que en cualquiera de los demás aceites comestibles, que en el menor de los casos siempre se encuentra por encima del 15 %, incluyendo las grasas de origen animal.

Por ejemplo, para las siguientes grasas, las concentraciones de ácido oleico rondan estas proporciones:

Manteca de cerdo: 35-40 %

Mantequilla: 22 %

Aceite de Soja: 20-25 %

Aceite de Maíz: 25-30 %

Aceite de Girasol: 30 %

Aceite de Palma: 38 %

Sebo: 40 %

Aceite de Colza: 45 %

Aceite de Oliva: 65-70 %

Normalmente en los aceites vegetales la composición de los ácidos grasos principales de cadena menor que 16 átomos de carbono es relativamente poco significativa, lo que indica que nos encontramos ante un aceite con un perfil lipídico muy particular.

No obstante, composiciones semejantes de ácidos grasos como las del aceite de coco se encuentran en otras palmeras como se aprecia en la tabla siguiente, donde se comparan los perfiles de ácidos en % de las palmeras: Oleosa, Babasu y Coco.

Ácidos grasos	P. Oleosa	P. de Babasu	P. de Coco*
Caprílico	6	4,5	8
Cáprico	4	7	6
Láurico	47	45	47
Mirístico	16	16	18
Palmítico	8	7	9
Esteárico	2,5	4	2,5
Total AGS	**83,5**	**83,5**	**90,5**
Oleico	14	14	7
Total AGMI	**14**	**14**	**7**
Linoleico	2,5	2,5	2,5
Total AGPI	**2,5**	**2,5**	**2,5**

* Fuente: Belitz y Grosch (1997).

También, el aceite extraído del palmiste (parte central coprosa del fruto de la palma africana), presenta una composición semejante a la del aceite de coco, así se observa que en los ácidos grasos principales, este aceite presenta el perfil lipídico siguiente:

2.2.-Perfil lipídico del aceite de palmiste RBD (%)

-Caprílico (C8:0): 1,9-6,2
-Cáprico (C10:0): 2,6-5,0
-Láurico (C12:0): 40,0 – 55,0
-Mirístico (C14:0): 14,0 – 18,0
-Palmítico (C16:0): 6,5-10,3
-Esteárico (C18:0): 1,3-3,0
-Oleico (C18:1): 12,0-21,0
-Linoleico (C18:2) 1,3 – 3,5.

La semejanza resulta notable; si bien este último aceite presenta una proporción más elevada de ácido oleico, también se reporta entre sus indicadores comerciales la presencia de muy pequeñas cantidades de otros ácidos grasos: caproico: (C6:0), linolénico: (C18:3), entre otros. Sin embargo, una comparación entre ambas palmeras no sería recomendable, habida cuenta que en la tecnología de obtención de los aceites de palma se trata en la etapa inicial todo el fruto, no solo la semilla coprosa central, aunque estos datos se refieren al aceite de esta almendra.

El que la proporción de un ácido graso monoinsaturado como el ácido oleico en el aceite de coco sea relativamente baja y menor que en los demás aceites vegetales, podría suponer que este realiza una menor protección sobre las **ECV**, y por ser los ácidos con mayor representación en el aceite de coco los saturados, también que pudiesen tener un efecto aterogénico negativo sobre las concentraciones de **LDL** y **colesterol**.

Por todas estas razones sería sorprendente que el aceite de coco tuviese alguna representatividad en el mercado de los aceites comestibles, y más bien su uso estuviese restringido a la industria de los cosméticos, donde sí al parecer existen evidencias sobre sus beneficios para el tratamiento de la piel y el cabello.

Por otra parte, y en sentido práctico, parecería más beneficioso desde el punto de vista económico el uso del aceite de coco en la industria alimenticia, dadas las bondades de este, sobre todo en la manufactura de confituras y otros productos relacionados, atendiendo a su relativamente alta temperatura de fusión, ebullición y de humo, así como la de su manteca hidrogenada.

Sin embargo, en relación a estos aspectos, e independientemente de lo discutido al inicio sobre el efecto del aceite de coco sobre la salud, la realidad es que este aceite se produce y se comercializa en el mundo en una escala significativa, con un volumen de producción de 2,8 MTM en la campaña 2016-2017 (10mo puesto a nivel mundial), ligeramente inferior a los aceites de oliva (3,0 MTM) y maíz (3,7MTM). Por lo que es necesario atenerse también a una serie de indicadores que se estudiarán más adelante y que justifican este hecho aparentemente anómalo. Pero antes es necesario detenerse un momento en las características de la planta y en las bondades del cocotero.

3.-Palma de coco

El cocotero, cuyo nombre científico es *Cocos nucifera L.* es un tipo de palmera de la familia *Arecaceae*, puede alcanzar una altura de unos 30 m y produce un fruto de gran tamaño: el coco. Se considera oriundo de Asia, independientemente de algunas polémicas sobre su posible origen en América. Los principales productores son: Indonesia, Filipinas e India entre muchos otros, pues es una planta tropical que se ha extendido ampliamente en todo el planeta.

El fruto, dada su alta dureza y resistencia, es un incesante viajero marítimo responsable de la principal vegetación de muchos islotes y atolones del Pacífico, donde ha sido llevado por tifones, tormentas y por las corrientes marinas. Una vez tocar tierra, aunque sea arenosa, germina y es capaz de agarrarse con sus raíces al corredizo y árido terreno.

En estas pobres condiciones de fertilidad del suelo, el cocotero crece hasta alcanzar la esbeltez y la altura que lo hace ser una hermosa planta, a veces solitaria, pero que caracteriza los típicos paisajes tropicales de las islas.

La madera del cocotero es lo suficientemente resistente al agua como para que sus troncos hayan servido para construir muelles de pequeñas embarcaciones, y también labrada laboriosamente por los lugareños se emplea como tablones que cubren las puertas y paredes de sus casas.

Las hojas del cocotero son de gran tamaño, y llegan a medir hasta más de 3 m de largo y pueden emplearse en techos y paredes de viviendas rústicas: ranchos, bohíos, cabañas, etc.

El coco, fruto de gran tamaño, puede presentarse en varias coloraciones: verde y amarillento, y de tamaño variado. Precisa de temperatura y humedad relativamente altas, factores que se dan en las regiones tropicales del planeta, aunque puede crecer, bajo determinadas condiciones, en zonas con climas subtropicales. Es un árbol muy resistente, capaz de enfrentar fuertes vientos, pero no soporta el frío, ni la altura. El que acepte salinidades altas le permite competir con éxito con otras plantas y que aparezca en playas y terrenos arenosos.

El coco produce un agua refrescante de sabor agradable y característico, que en los últimos años se ha logrado envasar, lo que facilita su comercialización en diferentes lugares del planeta. La masa blanca (copra), dentro del coco, va creciendo durante la madurez hasta llegar a alcanzar dureza y consistencia, y contiene entre 60-70 % de grasas.

El rendimiento del cocotero por unidad de superficie cultivada es mucho menor que el de la palma africana y según datos de los cultivos en Filipinas, es del orden de 5 TM por hectárea.

4.-Composición del coco como fruto

En el coco como fruto se pueden diferenciar los siguientes componentes.

Cáscara: 15 %
Fibra: 43 %
Copra: 30 %
Agua: 12 %

En la copra de coco:

Aceite: 65 %
Pasta; 17,5 %
Agua: 17,5 %

El fruto del cocotero puede llegar a pesar hasta 2 kg y dentro de este se pueden destacar varias partes:

Exocarpio: cáscara gruesa y dura.

Mesocarpio: parte fibrosa.

Endocarpio: parte marrón que contiene la pulpa.

Endospermo: masa blanca que va endureciéndose con la maduración del fruto.

El producto principal del coco es la masa (copra), aunque su agua envasada amplía constantemente su producción y demanda.

El coco se comercializa como fruta fresca cuando este aproximadamente tiene 6 meses, momento en que su contenido de agua rinde entre 250 y 500 ml. Para que la masa alcance un peso y grosor adecuado hay que esperar más de un año, o que el fruto caiga al suelo por si solo, en otras palabras: cuando se seca.

La masa se emplea con diferentes fines, no solo para producir aceite, también se puede comer directamente o como es común, rallada, forma en que se emplea en dulcería, pastelería y en general para confituras. Un helado muy original y vistoso es el obtenido a base de coco contenido en su propio cascarón (endocarpio), libre de la cubierta externa fibrosa, este se da en llamar *coco glasé*. Una forma de ingerir el agua de coco es en momentos intermedios de su madurez, en que esta alcanza mayor dulzor y se ha formado una capa de masa blanca suave y blanda de buen sabor. El agua de coco es considerada una bebida isotónica.

Sin realizar mayores procesamientos, de la copra se extrae un líquido lechoso que triturado y exprimido resulta de gran valor nutricional y que se puede emplear directamente como bebida pura o mezclada, así como en el quehacer culinario.

Además de grasa (60-70 %), la copra contiene fibra, generalmente soluble (10-11 %), carbohidratos (3-5 %), vitaminas (E: 0,7 mg, C: 2,0 mg), y minerales, en que destacan: K, Mg, P y Ca. También, aunque en menor escala, tal vez baja para un fruto, contiene carbohidratos y proteínas.

La cubierta que contiene la copra se emplea en la industria para obtener carbón activado de gran calidad, por lo que a veces ocurre que la obtención del aceite y otros productos del coco se consideran como subproductos en la obtención de este valioso material adsorbente, dada la excelencia del mismo y su alta demanda en el mercado.

Al igual que con otras semillas oleaginosas, la torta prensada obtenida como remanente en la extracción y refinación de aceite se emplea como alimento animal, principalmente para el ganado vacuno.

También la cubierta fibrosa del coco se puede emplear como combustible.

La industria del coco en los principales países productores de Asia ha dejado también su remanente negativo en la deforestación de extensas zonas boscosas derribadas para dedicarlas al cultivo intensivo de esta palmera, aunque con menor incidencia que la palma africana, pero esto es una cuestión que es necesario tener presente por su daño al medio ambiente y al deterioro climático del planeta.

A semejanza del aceite de palma africana, la elevada concentración de grasas saturadas del aceite de coco ralentiza su deterioro, sobre todo el enranciamiento, por lo que puede estar hasta más de seis meses a temperatura ambiente sin sufrir oxidación apreciable, y mucho mayor tiempo bajo enfriamiento, lo que posibilita su empleo en la elaboración de helados, confituras, etc.

No obstante, el que el aceite de coco presente una temperatura de fusión menor que el aceite de palma africana, hace que para su uso en confitería, y en general en la industria de la harina, este sea sometido a hidrogenación catalítica para su empleo, sobre todo en regiones con climas cálidos, lo que se traduce en la obtención de una especie de margarina o manteca de coco, con temperatura de fusión mayor de 35 ^{0}C (95 $^{\circ}$F) pero con el handicap que se forman grasas *trans*, con incidencia negativa en las **ECV**.

5. Métodos de extracción del aceite de coco.

Se emplean dos métodos básicos: **seco y húmedo**

Seco:

La masa se deshidrata de diversas formas: por calentamiento, mediante fuego, luz solar o en hornos industriales y rústicos, atendiendo a que en muchos lugares se emplean métodos rudimentarios y artesanales de producción. Luego se tritura y una vez obtenida la copra se presiona o se disuelve, con lo que se forma una especie de puré con alto contenido de fibra y proteínas, que resulta de baja calidad para el consumo humano, pero no para animales, preferentemente rumiantes. En ocasiones la pasta obtenida es llamada indebidamente manteca de coco y también constituye un rubro comercial, pero esta no es exactamente la manteca o aceite de coco, pues contiene grandes cantidades de fibra, remanentes de humedad y otros componentes propios del fruto. Una porción del aceite de copra se pierde en el proceso de extracción.

Húmedo:

Emplea coco crudo para crear una emulsión entre la proteína, el aceite, y el agua. Posteriormente hay que romper la emulsión - aspecto algo complicado - para separar el aceite. Puede hacerse por calentamiento prolongado, pero el aceite resultante es de muy baja calidad y se elevan los costos de producción al tener que incrementar la temperatura durante el proceso.

Modernamente se emplean centrifugadoras y pre-tratamiento en frío mediante ácidos, sales, etc.

En comparación, pese a las mejoras tecnológicas, el tratamiento húmedo es menos eficiente y el rendimiento es menor en más de un 10 %. Por otra parte, el equipamiento tecnológico es más complejo y costoso.

También el método de empleo tiene que ver con el proceso de maduración y recogida del fruto y su grado de sequedad, siempre es recomendable trabajar con la copra lo más madura y seca posible.

Al igual que en la extracción de otros aceites vegetales, el n-hexano resulta ser un disolvente apropiado. Luego de ser extraído el aceite de la masa coprosa, este se refina para eliminar ácidos grasos libres y otras sustancias que se mantienen como impurezas, y que pueden acelerar el deterioro por enranciamiento.

En esencia, existen diferentes procesos de extracción y producción, desde los más simples, elementales y rudimentarios, hasta otros con tecnología y equipamiento avanzado, semejantes a los empleados en la obtención de la mayoría de los aceites comestibles.

Para obtener 100 L de aceite de coco se necesita

alrededor de una tonelada de coco bruto, o lo que es igual, aproximadamente 240 kg de copra seca.

Una técnica más moderna, **RBD** (refinado, blanqueo y desodorizado) emplea copra seca bajo prensado en caliente, con lo que se extrae la casi totalidad del aceite (alrededor del 60 % de aceite por peso de coco) con lo que se produce un aceite crudo aún no listo para el consumo, por lo que debe ser refinado con un calentamiento adicional para eliminar las sustancias polares de baja masa molecular y posteriormente debe ser filtrado. Al aceite refinado se le llama **aceite RBD** y es el más común en el mercado, sobre todo para su uso con fines industriales.

Existen otras técnicas que incluyen procesos enzimáticos, con los que se obtienen aceites de alta calidad. Es necesario destacar que el aceite de coco refinado pierde el sabor y el olor del coco natural, pero no sufre afectación significativa en sus componentes lipídicos; y si lo necesario son los **AGSCM**, según lo que se recomienda en algunos usos, no es necesario acudir al aceite de coco virgen para el cual aún no existe una certificación apropiada, aunque en algunos países, como Alemania, se trabaja en esta dirección.

Aceite de coco virgen y "virgen extra".

Aunque no existen garantías para afirmar que un aceite de coco se extrae de la fruta fresca del cocotero, en el mercado se expenden aceites bajo la nomenclatura de "virgen" y "virgen extra", que en esencia son los que no han sido sometidos a procesos de refinación y que se han obtenido solo por prensado, molienda y separación por filtrado, que según la información de los productores, proceden de masa de coco fresca de frutos recién colectados.

El término "virgen extra" es inadecuado, por cuanto este solo está autorizado para nombrar los aceites de oliva de gran calidad, bajo test organoléptico por catadores especializados. Más bien esto puede deberse a una argucia comercial para obtener mayores ventas, comoquiera esto es incorrecto y en parte censurable. También se cuestiona el término "ecológico" por cuanto en los cultivos de cocoteros generalmente no se emplean plaguicidas ni herbicidas por la altura que alcanza la planta, a la vez perenne.

Ante esta situación lo más correcto es referirse a "aceites de coco virgen" que se han obtenido por vía húmeda o seca., lo demás responde a técnicas comerciales.

6. Hidrólisis del aceite de coco

Muchos coinciden en afirmar que los ácidos grasos saturados de cadena media componentes del aceite de coco, y que aparecen en este en forma de triacilglicéridos, son más fáciles de metabolizar por el organismo, incluso que pueden disminuir los indicadores de obesidad, incluyendo los niveles de almacenamiento de grasas, por cuanto estos se metabolizan con mayor rapidez que los de cadena larga, y no tienden a acumularse en los adipositos. Atendiendo a esto y otros factores industriales, se han realizado estudios para aislar y obtener los ácidos de forma libre, no como triacilglicéridos, lo que implica la hidrólisis de este de acuerdo con la siguiente reacción:

$$TAG + 3H_2O - 3AGL + Glicerina$$

Esta reacción en el organismo es acelerada mediante

catálisis enzimática en la que intervienen diferentes enzimas, pero en el laboratorio esto se puede modelar mediante el empleo de microorganismos que produzcan estos catalizadores bioquímicos, por ejemplo: *Candida cylindracea*, proceso que demora más de dos días y en el cual se obtienen rendimientos entre el 80-90 %, correspondiendo la concentración de ácidos grasos obtenidos semejante a la propia del aceite en ácidos de igual naturaleza.

Consideración final

Por último, se hace necesario volver a dejar constancia de que **el aceite de coco es ante todo un aceite vegetal alimenticio**, más que un fármaco o un producto industrial, por lo que su consumo debe hacerse de forma similar al de cualquier aceite de vegetal, esto es, en cantidades moderadas, no excesivas y de acuerdo con las demandas y necesidades del organismo. Por las expectativas que están surgiendo en el tratamiento de diversas enfermedades debe estarse muy atentos y realizar un uso seguro cuando existan pruebas o evidencias concluyentes sobre su eficacia ante una determinada patología, mientras tanto, reconocer que hasta ahora es esto: *un aceite vegetal rico en ácidos grasos saturados de cadena media.*

ANEXO.

Ácidos grasos de cadena media componentes del aceite de coco

C8:0 Caprílico   8 %

C10:0 Cáprico   6 %

C12:0 Láurico   47 %

C14:0 Mirístico 18 %

Ácido caprílico (C8:0). Octanoico.

CH_3 (CH_2)$_6$ COOH.

Es   un ácido graso líquido, saturado, de cadena hidrocarbonada media, constituida por ocho átomos de carbono, incluyendo el propio del grupo carboxilo (COO). Está presente con un contenido aproximado del 7 % en el aceite de la nuez de la palma africana, y 8 % en el coco. También se encuentra en la grasa de la leche de algunos mamíferos. Algunas propiedades físicas de este ácido se muestran a continuación:

M: 144,21 g/mol
Densidad: 0,91 g/cm^3
Temp. Fusión 17,9 ^{0}C (64,2 ^{o}F)
Temp. Ebullición: 237 ^{0}C (458,6 ^{o}F)
pKa: 4,89

El ácido caprílico posee acción antimicrobiana frente a determinados microorganismos patógenos como: *Streptomyces agalactiae, S. dysgalactiae, Staph aureus, y E. coli*, entre otros.

En medio ácido, a un pH de 4,8, se emplea en laboratorios especializados como precipitante de un gran número de proteínas plasmáticas.

Ácido cáprico. (C10:0) (Decanoico).

CH$_3$ (CH$_2$)$_8$ COOH.

Es un ácido graso saturado de longitud de cadena hidrocarbonada media, constituida por diez átomos de carbono, incluyendo el propio del grupo funcional carboxilo.

Se presenta como un sólido blanco cristalino de olor intenso a temperatura ambiente, y funde a temperaturas ligeramente más altas.

Masa Molecular: 172,26 g/mol.
Temp. De fusión 31,6 ^{0}C (88,9 ^{o}F)
Temp. De ebullición: 269 ^{0}C (516,2 ^{o}F)
Densidad: 0,89 g/cm^3

El nombre de ácido cáprico deriva del latín, y se refiere a su olor semejante al de las cabras, en cuyos tejidos se encuentra en determinada proporción, aunque en mayor medida en el aceite de coco como triacilglicérido, pero en él su olor no es predominante, porque de serlo este aceite y la masa de coco en particular, tendría muy limitado su empleo en cosmética y en pastelería.

Conjuntamente con el ácido caproico (C6:0) y el ácido caprílico (C8:0) conforman alrededor del 15 % de la grasa de la leche de cabra.

Aunque el ácido cáprico se puede obtener por hidrólisis ácida de las grasas, se produce preferentemente por oxidación del decanol, un alcohol alifático de diez átomos de carbono de longitud de cadena, mediante oxidantes inorgánicos poderosos como el trióxido de cromo.

Este ácido presenta interés también en la industria alimenticia como antiespumante y con otros fines.

Ácido láurico (C12:0). N-dodecanoico.

CH$_3$ (CH$_2$)$_{10}$ COOH.

Masa molecular: 200,32 g/mol
Tf: 42,2 °C (108 °F)
T. Descomp. 298 °C (568,4)
Densidad: 0,88 g/cm^3

Es un ácido graso saturado de cadena hidrocarbonada media constituida por doce átomos de carbono, incluyendo el propio del grupo funcional carboxilo. Es sólido a temperatura ambiente pero de baja temperatura de fusión. Presenta cierto olor a jabón, y de hecho se obtienen de él excelentes jabones duros y muy espumantes por su marcada acción tensioactiva, que constituye también uno de sus principales usos, por lo que disuelve fácilmente las grasas y líquidos apolares. Se le achaca también acción antimicrobiana.

Se encuentra en determinada proporción en la grasa de la leche humana (6,2 %), de rumiantes como la de vaca (2,9 %) y de la cabra (3,2 %).

Aunque se halla presente en el aceite de diversas palmeras, es en el de coco donde ha adquirido notoriedad por encontrarse en este en una proporción cercana al 50 %.

Conjuntamente con el ácido mirístico conforman cerca

del 70 % de los ácidos grasos del aceite de coco, por lo que este se considera un aceite rico en grasas de cadena media. Comoquiera que en algunas investigaciones se les ha asociado con el incremento de los niveles de colesterol y de las lipoproteínas de baja densidad (**LDL),** y por consiguiente con el daño aterogénico, es que algunos discrepan del efecto positivo de este en la salud, sin embargo, en tiempo reciente se le ha relacionado como un producto alternativo para atenuar o revertir el Alzheimer en determinado grado, aunque no se cuentan con suficientes pruebas al efecto.

Como los ácidos mencionados, el ácido láurico no debe ingerirse en estado puro, y en este caso produce una fuerte irritación en el tracto digestivo.

Ácido mirístico (C14:0). Tetradecanoico.

$CH_3 (CH_2)_{12} COOH.$

Aunque por su longitud de cadena el ácido mirístico no deba incluirse entre los ácidos grasos de cadena media, el estar en la frontera o zona divisoria de ambos grupos y ser su presencia poco común en los demás aceites vegetales, merece que se haga mención a sus principales características.

El ácido mirístico es un ácido graso saturado, sólido a temperatura ambiente, de cadena hidrocarbonada entre media y larga, constituida por 14 átomos de carbono, incluyendo el propio del grupo funcional carboxilo. Es muy poco soluble en agua, pero sí en solventes de menor polaridad.

Masa molecular: 228,4 g/mol
Densidad: 0,8622 g/cm³
Temp. de fusión: 54,4 ⁰C (129,9 °F)

Solubilidad 1,07 mg/L

Su nombre proviene de la nuez moscada (*Myristica fragrans*); cuya grasa sólida contiene cantidades elevadas de este ácido graso (75 %) en forma de triacilglicérido o trimiristina, como se le llama comúnmente.

Su concentración cercana al 20 % en el aceite de coco es considerada como factor de riesgo en las enfermedades cardiovasculares, por su correlación positiva con el incremento de los niveles de lipoproteínas de baja densidad transportadoras de colesterol.

CAPÍTULO II

Aceite de coco y dieta cetogénica

Aunque la naturaleza y el propósito de la dieta cetogénica surgió al margen del aceite de coco, es precisamente por ella donde se debe comenzar el enfoque del problema, pues a partir de ahí es donde se iniciaron los estudios y las investigaciones científicas sobre los triacilglicéridos de cadena media (**MCT**), y su efecto sobre diferentes funciones metabólicas del organismo, incluyendo la combustión celular en zonas tan neurálgicas como el cerebro. Estos triglicéridos de cadena media se encuentran en una alta proporción (más del 60 %) como componentes del aceite de coco, lo que da una importancia trascendental a este producto como posible alimento funcional, así como los derivados que se pueden obtener a partir de él.

Puede afirmarse **que son los MCT el secreto mejor guardado del aceite de coco y de las almendras de**

otras palmáceas semejantes y los que le proporcionan las sorprendentes propiedades que este tiene en el tratamiento de diversas afecciones en campos muy variados, sobre todo las relacionadas con el metabolismo de este tipo de lípidos y su posible efecto en el organismo.

La dieta cetogénica, cuyo nombre está relacionado con los cuerpos o sustancias cetónicas que se crean durante el metabolismo de los alimentos, al sustituir una porción de los carbohidratos (**CHO**) por lípidos (**L**) manteniendo normal o bajo el nivel de proteínas (**P**) para que la energía se obtenga preferentemente a partir de la alta porción lipídica, no tuvo nada que ver en sus inicios con los **MCT**, y su objetivo era el tratamiento de las personas afectadas de convulsiones con el objeto de incidir sobre los neurotrasmisores y la producción de glutamina, causantes de las mismas; en otras palabras, era una dieta anticonvulsiva.

En esta dieta se trataba de mantener lo más alta posible la relación **L/(CHO + P)**, sin que se sobrepasaran los límites posibles de asimilación de las grasas por parte del organismo y no se crearan intensas reacciones colaterales adversas.

Desde el punto de vista de su composición, y ante los efectos colaterales que pudiese ocasionar, se establecieron de forma empírica dos tipos básicos de dietas cetogénicas, determinadas por la relación de **L/(CHO + P)** = 4/1 en la más drástica, y 3/1 en la más débil, o más tolerable.

Como se observa, se excedía con mucho el consumo de grasas, sin distinción en el tipo de triacilglicéridos que la componían, de hecho se empleaban las grasas comunes compuestas por ácidos grasos de cadena larga

(14-18 átomos de carbono).

Los antecedentes de esta dieta se remontan a inicios del siglo XX, y estaban relacionados con la observación de que bajo condiciones de ayuno, con defecto de glucosa, los pacientes afectados de convulsiones sufrían menos de estos trastornos, sobre todo epilepsia, cuando este hecho provocaba la formación en el organismo de un estado de cetogénesis con la formación de cuerpos o sustancias cetónicas.

La epilepsia es una enfermedad cerebral crónica caracterizada por la aparición de convulsiones, que se originan por descargas eléctricas excesivas de células cerebrales, las cuales pueden encontrarse en cualquier lugar del cerebro. Indudablemente, estas células se comportan de forma anómala y cualquier acto o elemento que favorezca el buen funcionamiento de las mismas, podría tal vez desempeñar un efecto positivo para el organismo.

Los aportes más significativos en estos años fueron los de R. Woodyatt y R. Wilder (1,2) publicados indistintamente en 1921, quienes consideraron que sin recurrir al ayuno se podría llegar a este estado de cetonuria, sustituyendo parte de los carbohidratos por grasas en lo equivalente al aporte de energía de estos. Ambos científicos llegaron, de forma independiente, a establecer proporciones en el empleo de los diferentes tipos de grupos alimenticios así como a formular dietas, los principios de las cuales aún se mantienen vigentes en la actualidad.

Según las sugerencias de R. Wilder, el total de gasto energético debía lograrse con 1 g de proteína por kg. de peso corporal, 10 -15 g de carbohidratos y el resto en grasas.

En un sentido más actual, aproximadamente la dieta debe estar constituida por un 71 % de grasas, 19 % de carbohidratos y 10 % proteínas.

Esta dieta siguió empleándose con cierto éxito para el tratamiento con fines terapéuticos de afecciones relacionadas con las convulsiones hasta el surgimiento de los derivados de la hidantoína (fenilhidantoína) a mediados de la década del 30 del pasado siglo, que comenzaron a ser empleados como fármacos para el tratamiento de la epilepsia y otras enfermedades relacionadas.

Hidantoína   **Difenilhidantoína**

Aunque la difenilhidantoína (difenidina) fue descubierta en 1908 por H. Biltz (3) no fue hasta 1938 que H. Merryt y T. Putnam descubrieron que era efectiva en estados convulsivos, por lo que la dieta cetogénica comenzó a ceder terreno ante estos fármacos dado los síntomas desagradables que acompañaban al tratamiento dietético alto en grasas, sobre todo en su etapa inicial.

No obstante, hacia 1971 P. Huttenlocher y colaboradores (4) propusieron la sustitución en la dieta cetogénica de los lípidos constituidos por triacilglicéridos de cadena larga por los de cadena media, obteniendo efectos satisfactorios, por cuanto estos lípidos son metabolizados más fácilmente por el organismo con una mayor producción de cuerpos cetónicos, con lo cual la dieta podía ser menos drástica y más efectiva, y con menores trastornos secundarios en lo referente a la tolerancia por las personas.

Anteriormente, en 1967 O. Owen y colaboradores (5) habían postulado que: "El acetatoacetato y el D-β-hidroxibutirato son la principal alternativa del cerebro como combustible ante la deficiencia de glucosa en condiciones en las que la ingesta de hidratos de carbono se reduce significativamente, o en ejercicios físicos intensos. Las cetonas sustituyen a la glucosa y suministran el 80 % de las necesidades energéticas del cerebro..." Aspecto también considerado por E. Drenick (6) en 1972.

En 1976 el propio P. Huttenlocher (7) publicó un artículo en que comparó los resultados de la dieta cetogénica convencional con los obtenidos cuando en ella se incorporaban **MCT** en un estudio realizado en humanos (niños) en el que los pacientes "no mostraron elevaciones del colesterol sérico y sólo tuvieron un ligero aumento en los ácidos grasos totales, en contraste con la marcada hiperlipidemia observada en los niños en la dieta estándar alta en grasas". Según este investigador: "El uso a largo plazo de la dieta MCT no afectó el pH de la sangre venosa. La glucosa en sangre cayó por debajo de 50 mg/100 ml en un tercio de los niños, y los niveles más bajos se alcanzaron entre 2 y 3 semanas después del inicio de la dieta. En el plasma, el D-β-hidroxibutirato (BHB) y el acetoacetato se elevaron gradualmente después del inicio de la terapia dietética, alcanzándose los niveles máximos después de aproximadamente un mes... Los niveles plasmáticos de BHB mostraron una correlación significativa con el efecto anticonvulsivo (p menos de 0,02). Tanto la cetonemia como la acción anticonvulsiva se invirtieron rápidamente mediante la infusión de sangre intravenosa"

Aunque puede que el lector encuentre un poco tediosas o reiterativas las referencias a artículos científicos que se han expuesto, así como otras que siguen, es necesario destacar que si algo ha faltado en las múltiples controversias y disquisiciones en torno a los efectos funcionales del aceite de coco, sus **MCT** constituyentes, y sus posibles beneficios para la salud, es el abordar estos con argumentos científicos, más que con narraciones de experiencias comunes o casos particulares, por lo que es necesario, si no profundizar, al menos acudir a las bases bioquímicas del problema y las referencias de estudios científicos realizados por especialistas sobre el tema.

Resulta necesario tener presente que el aceite de coco está compuesto por más del 60 % de triglicéridos de cadena media, cuestión no inherente a otras grasas con excepción de las de almendras de palmas, lo que indudablemente hizo que la comunidad científica fijara de inmediato la atención en los mismos, pues a partir de este momento las dietas cetógenicas volverían a tomar un lugar destacado en el tratamiento de las enfermedades convulsivas

Así, años más tarde de los estudios de Huttenlocher y otros especialistas sobre el empleo y el efecto de los **MCT** en la dieta cetogénica, en 1995 G. Mitchell y colaboradores (8) resumían que: "Los cuerpos cetónicos se producen en el hígado, principalmente a partir de la oxidación de los ácidos grasos, y se exportan a los tejidos periféricos para su uso como fuente de energía. Son particularmente importantes para el cerebro, que no tiene ninguna otra fuente de energía sustancial no derivada de la glucosa. Los dos principales cuerpos cetónicos son el 3-hidroxibutirato (3HB) y el acetoacetato (AcAc). Bioquímicamente, las anormalidades del metabolismo de los cuerpos cetónicos pueden presentarse en 3 formas: cetosis, hipoglicemia hipocelótica, y anormalidades de la proporción 3HB/AcAc"

En 2001 R. Veech en colaboración con C. Kashiwaya, H. Lardy y G. Cahill Jr. (9) publicaban que: "...el D-β-hidroxibutirato (abreviado "DHB") también puede proporcionar una fuente de energía más eficiente para el cerebro por unidad de oxígeno, apoyado por el mismo fenómeno observado en el corazón de rata perfundido y en el esperma. También se ha demostrado que disminuye la muerte celular en dos cultivos neuronales humanos, uno un modelo de Alzheimer y el otro de la enfermedad de Parkinson. Estas observaciones plantean la posibilidad de que una serie de trastornos neurológicos, genéticos y adquiridos, puedan beneficiarse de la cetosis".

Más adelante, en 2003 dos de los autores del artículo anterior: G. Cahill Jr. y R. Veech (10) retomaron el tema y expusieron que: "Estudios recientes han demostrado que el D- β-hidroxibutirato, la principal "cetona", no es sólo un combustible, sino un supercombustible" que produce más eficientemente energía ATP que la glucosa o los ácidos grasos." También informaron que: "Se están realizando esfuerzos para preparar ésteres de β-hidroxibutirato que pueden tomarse por vía oral o parenteral para estudiar sus posibles aplicaciones terapéuticas"

Años después, en 2010 M. Samoilova y colaboradores (11) informaron que: "La dieta cetogénica (KD), utilizada con éxito para tratar una variedad de síndromes de epilepsia en humanos y para atenuar las convulsiones en diferentes modelos animales, también proporciona una poderosa neuroprotección en varios modelos de lesiones del SNC (sistema nervioso central). Sin embargo, el papel directo de los cuerpos cetónicos en la limitación de las convulsiones y el daño neuronal sigue siendo poco conocido... El tratamiento in vitro crónico con un cuerpo de cetona, D- β -hidroxibutirato, protegió los cultivos contra la hipoglucemia crónica, la privación de oxígeno y glucosa y la citotoxicidad inducida…"

En 2011 L. Massieu y colaboradores (12) destacaron que: "La glucosa es el principal sustrato que satisface las demandas energéticas del cerebro. Sin embargo, en algunas circunstancias, como la diabetes, el hambre, durante el período de lactancia y la dieta cetogénica, el cerebro utiliza los cuerpos cetónicos, el acetoacetato y el β-hidroxibutirato, como fuentes de energía. La utilización del cuerpo de la cetona en el cerebro depende directamente de su concentración sanguínea, que normalmente es muy baja, pero aumenta sustancialmente durante las condiciones mencionadas anteriormente".

Estos mismos autores, en investigaciones realizadas en ratas demostraron que: "…el acetoacetato protege eficazmente contra la neurotoxicidad del glutamato tanto in vivo como in vitro, probablemente mediante un mecanismo que implica su papel como sustrato energético."

Bajo estos criterios, la dieta cetogénica comenzó de nuevo a tomar relevancia como vía para el tratamiento de trastornos cerebroencefálicos, fundamentalmente la epilepsia, pero ahora de una forma más fácil y efectiva de tratar con la incorporación de los **MCT**.

Por último, en 2016 Y. Nonaka y colaboradores (13) estudiaron la acción del ácido láurico presente en alta proporción en el aceite de coco (cerca del 50 %), para la producción de cuerpos cetónicos en astrositos **KT-5**, lo que notaron que ocurría en mucha mayor cuantía que con el ácido oleico, por lo que consideraron que este ácido graso de cadena media podía resultar útil en la cetogénesis.

Según estos autores: "Los tratamientos con ácido láurico aumentaron la concentración total de cuerpos cetónicos en el sobrenadante del cultivo celular en mayor medida que el ácido oleico, lo que sugiere que el ácido láurico puede activar directa y potentemente la cetogénesis en los astrositos KT-5. Estos resultados sugieren que el consumo de aceite de coco puede mejorar la salud cerebral al activar directamente la cetogénesis en los astrositos, y por lo tanto, al proporcionar combustible a las neuronas vecinas".

Estos científicos nipones observaron también que: "En un principio, la ingestión de aceite de coco no elevó sustancialmente los niveles de cuerpos cetónicos en sangre, pero sí la concentración de ácidos grasos libres de cadena media como el láurico", por lo que al tratar los astrositos del cerebro de ratas durante cuatro horas hallaron esa notable elevación. La comparación de aceites se realizó entre el aceite de coco y el de girasol alto oleico, por las elevadas concentraciones de este ácido insaturado que tiene el aceite alto oleico.

Todo lo anterior fundamenta el porqué el aceite de coco esté atrayendo tanto la atención mediática como terapia potencial para el tratamiento de las enfermedades cerebro encefálicas, atendiendo a su alto contenido de triacilglicéridos de cadena media creadores de cuerpos cetónicos, que pueden ser conducidos hasta cerebro y compensar las limitaciones de oxidación de la glucosa como fuente de energía de las neuronas y así impedir su muerte.

La relación en cuanto a la mayor producción de cuerpos cetogénicos por los **MCT** en comparación con los triacilglicéridos de cadena larga (**LCT**) procedentes de aceites alto oleicos y que estos llegaran a los astrositos es muy significativa, pues estos últimos colindan con las neuronas a las que pueden proporcionar esta forma de combustible de gran eficiencia energética, lo que se traduce en que el aceite de coco puede ser útil para la salud y el buen funcionamiento cerebral.

En relación con lo anterior, es necesario considerar que los astrositos se originan en las primeras fases del desarrollo del sistema nervioso central, están directamente asociados con las neuronas y conforman la frontera entre el organismo y el sistema cerebral; ellos se entrelazan alrededor de las neuronas y forman una red de sostén de éstas, así como hacen de membrana protectora del resto del organismo y controlan el paso de los nutrientes, por lo que la aparición de cetogénesis en ellos a partir del ácido láurico contenido en el aceite de coco, es una prueba concluyente de la posible acción de este aceite sobre las funciones cerebroencefálicas.

Volviendo a la dieta cetogénica, aunque hay diversos criterios, se considera que la tercera parte del contenido energético de la dieta debe estar correlacionado con los **MCT** para favorecer una mejor tolerancia digestiva.

Los triglicéridos de cadena media son los que contienen ácidos grasos de entre 6-12 átomos de carbono en la cadena hidrocarbonada, aunque en la naturaleza generalmente se encuentran solo los de forma par: 6 (ácido caproico), 8 (ácido caprílico), 10 (ácido cáprico) y 12 (ácido láurico). Estos tres últimos son los que más abundan de forma natural, sobre todo en los aceites de las almendras de las palmeras y más que todo en el aceite de coco. Visto de esta manera, surge la evidencia del efecto positivo del aceite de coco como fuente de **MCT** y generador de cuerpos cetónicos para prevenir las afecciones tratadas con la dieta cetogénica y como componente de éstas, por cuanto alrededor del 60 % de este tipo de ácidos se encuentran en el mismo.

Los cuerpos cetónicos, principalmente el β-hydroxybutirato y el acetoacetato, son el principal combustible cerebral alternativo a la glucosa.

Acetona   **Ácido cetoacético**

Ácido D-β-hidroxibutírico

Generalmente se citan los dos últimos con los nombres de "Acetoacetato" y "D-β-hidroxibutirato", respectivamente.

Se considera que los cuerpos cetónicos se forman en las mitocondrias de las células del hígado en varias etapas a partir de la acetoacetil-CoA, que se condensa con una molécula similar para producir β-hidroxi-β-metilglutaril-CoA, que posteriormente se hidroliza para formar acetil-CoA y acetoacetato y este último puede reducirse a β-hidoroxibutirato y también derivar en acetona, aunque en mucha menor cuantía, pero en general en la cetogénesis el rol principal lo ejecutan el acetoacetato y el β-hidroxibutirato.

Parece ser, que mientras menor es el tamaño de la cadena hidrocarbonada en los **MCT** más se acentúan las propiedades cetogénicas y menor puede ser la cantidad de grasas que pueda conformar esta dieta, lo cual llevó a la industria farmacéutica a la producción de fármacos conteniendo cantidades elevadas de estos triacilglicéridos o algunos que en esencia son sólo estos, como los llamados por su propio nombre: **MCT,** que se producen mediante fraccionamiento de aceite de coco y del de la almendra de palma africana.

Con lo expuesto hasta ahora resultaría más que concluyente para demostrar las **propiedades funcionales del aceite de coco**, al menos para este tipo de afecciones, sin contar que el propio aceite se expende en las farmacias, aunque lógicamente amparado por etiquetas de marcas con precios que multiplican al de los supermercados y establecimientos de productos minoristas.

Bajo cualquier tipo de marca comercial seria, no debe haber ninguna diferencia entre el aceite de coco que se expende en las farmacias y el de los establecimientos minoristas, pues ambos deben subordinarse a los "stan" de normas del Comité Oleícola Internacional (**COI**) y otras instituciones similares, como se trató en el capítulo correspondiente al estudio de la composición química del aceite de coco.

También en las farmacias se expenden grageas o cápsulas blandas con aceite de coco bajo el amparo de grandes firmas farmacéuticas, muy fáciles de digerir, pero cuyo contenido de aceite es relativamente pequeño en relación con las dosis que aparentemente pueden resultar efectivas.

Aunque generalmente se considera que las grasas aportan una energía equivalente a 9 kcal/g, lo cierto es que esto depende de su composición o perfil lipídico, por lo que en los **MCT** de menor tamaño este valor es mucho menor: 7,84 kcal/g, lo que es una diferencia significativa, y atendiendo a que estos son más cetogénicos que los correspondientes **LCT**; con mucha menor cantidad de grasa se puede alcanzar un estado de cetogénesis, con lo cual hay menor riesgo para la obesidad y se producen menos efectos molestos y adversos para las personas que son tratadas por esta vía.

En la dieta cetogénica, un volumen de **MCT** de menor longitud de cadena del orden de los 54 ml puede producir una media de 420 kcal, que se puede distribuir en las diferentes comidas para hacerlo más tolerable al gusto.

Como se expresó anteriormente, a partir de las investigaciones de Hunterlocher la dieta cetogénica comenzó de nuevo a tomar relevancia, pero esta vez acompañada de los **MCT**, y en este sentido se elaboraron fármacos como los "**Aceites MCT**" cuya constitución generalmente es: aceite de coco fraccionado, aceite de fruto de palma fraccionado, agua desmineralizada y emulgente del tipo E472c. Este producto con elevada concentración de triacilglicéridos de cadena media aporta 8,55 kcal/ml magnitud menor que el aporte calórico de las grasas convencionales.

Otros productos ricos en **MCT** son emulsiones como el "liquigen", que es un preparado dietético con alto contenido energético constituido por **MCT** (ácido cáprico (C10:0) y caprílico (C8:0)) que se dice aporta 4,5 kcal/ml, por el menor tamaño de las cadenas hidrocarbonadas de los ácidos grasos que lo componen.

La vertiente de las formulaciones para elaborar preparados farmacéuticos de **MCT** o productos derivados de ellos, se ha incrementado considerablemente en los últimos tiempos, de manera que podemos hablar de:

Caprenin: No es más que un triacilglicérido enriquecido con ácido cáprico, ácido caprílico y ácido behénico en sus enlaces con la glicerina como emulador de las propiedades del aceite de coco, para que su actividad fuese intensa. El contenido de ácido behénico oscila en torno al 50 % y el aporte calórico de este compuesto oscila entre 4-5 kcal/g. Pese a las expectativas, los resultados de este producto no fueron los esperados por su efecto negativo en la relación **COL/HDL**, factor de riesgo en las enfermedades cardiovasculares (**ECV**), por lo que dejó de emplearse a finales del siglo pasado.

Salatrim: (short and long acyltriglyceride molecule) En este preparado de baja densidad calórica se tiende a sustituir los acilglicéridos de cadena larga (**LCT**) por otros de cadena corta: acético, propiónico y butírico (triacetina, tripropionina o tributirina). La intensidad calórica de estos preparados ronda los 5 kcal/g, aunque el ácido graso de cadena larga más empleado como complemento de estas uniones con ácidos de cadena corta es el esteárico, que se supone no crea riesgo de enfermedades cardiovasculares (**ECV**).

También en estos preparados pueden incluirse otros ácidos grasos de cadena más larga que los anteriores obteniéndose una amplia variedad de formas y productos, aunque siempre buscando un balance para no producir compuestos sólidos o con alto contenido calórico, lo que se logra controlando los niveles de ácido esteárico y los de ácidos de cadena corta. De esta forma se logra que el salatrim emule a la mantequilla de coco en sus propiedades físicas para su uso en productos alimenticios.

Por lo alto de las concentraciones de **MCT** en los preparados anteriores, es recomendable que para su uso se requiera la consulta con el médico de cabecera u otro tipo de profesional de la salud especializado y conocedor de los mismos. Por su parte, la Administración de Drogas y Alimentos de los Estados Unidos (**FDA**) considera que debe aparecer en el etiquetado de los alimentos su empleo cuando se utilizan como aditivos, mientras la **UE** aprobó su uso en 2003. En este caso, más que un agente productor de **MCT**, se considera un agregante alimenticio de bajo índice calórico que aporta ácidos grasos de cadena corta.

También se han elaborado ésteres de la sacarosa con **MCT** y otros ácidos grasos, con fines más bien relacionados con la elaboración de alimentos de bajo índice calórico y con posible incidencia en el tratamiento de la obesidad, tal es el caso de la "olestra", un éster, o más bien un poliéster de la sacarosa con ácidos grasos de entre 6-8 átomos de carbono y otros de cadena larga.

En todos estos tipos de producto se exige por la **FDA** que se etiqueten o requieran, en su caso, la autorización de las instituciones europeas si se emplean dentro del territorio de esta comunidad.

En relación con productos cetogénicos que se forman

en el metabolismo a partir de los **MCT**, las líneas han estado inclinadas preferentemente al **DBH**, de manera que este se comercializa para proporcionar una fuente exógena de este cuerpo cetónico, además del elaborado por el propio organismo a partir de los **MCT**. La eficacia del **DBH** exógeno está en estudio, así como otros ésteres o compuestos derivados del mismo.

Como ha podido valorarse hasta ahora, actualmente existen diferentes formulaciones farmacéuticas ricas en **MCT** relacionadas con la formación de cetogéneis, y en ellas se trata de emplear la menor cantidad posible de fármaco, pero con un efecto mayor, aunque siempre tomando como base a los cuerpos cetónicos que se forman por la metabolización de los ácidos grasos de cadena media.

Los **MCT** son fácilmente absorbidos y metabolizados por el hígado para producir cetonas como: acetoacetato y D-β-hidroxibutirato, que pueden competir con la glucosa para producir energía, sobre todo en zonas como el cerebro, donde las células nerviosas les es difícil encontrar otras fuentes de energía, salvo la glucosa, que en determinadas circunstancias se hace difícil de oxidar por la insulina, tal como ocurre con las afecciones o enfermedades cerebro encefálicas degenerativas como el Alzheimer.

Se infiere por algunos especialistas que el **DBH** (D-β-hidroxibutirato) produce más energía por unidad de masa que la glucosa, con lo cual se libera en mayor cuantía y es algo que para las células cerebrales puede ser muy importante, dado que están más expuestas a estos males que las demás células del organismo, que pueden obtener energía por otros medios.

Desde el punto de vista redox, la glucosa: $C_6H_{12}O_6$ es un compuesto cuyo número medio de oxidación para el carbono es mayor que en el **DBH** ($C_4H_8O_3$), por lo que este último se encuentra en un estado más reducido como se comprueba en el siguiente cálculo:

Glucosa:

$6C + 12H - 6O = 0$; $6C + 12 - 12 = 0$; $C = 0/6 = 0$.

Para el **DBH**;

$4C + 8H - 3O = 0$; $4C + 8 - 6 = 0$; $C = -2/4 = -0,5$.

Para este tipo de cálculos se toma como numero de oxidación del hidrógeno +1, y -2 para el oxígeno, respectivamente.

En otras palabras; los cuerpos cetónicos como el **DBH** constituyen una eficiente fuente de energía para la respiración celular y se ha demostrado que esto ocurre en las células de músculos cardíacos y esqueléticos, además del cerebro.

Una vez se ingieren los **MCT,** estos son absorbidos por el intestino y pasan a la circulación portal donde son conducidos directamente al hígado para su rápida metabolización, no precisan de la carnitina palmitoiltransferasa para su transporte mitocondrial, tampoco se incorporan como reserva lipídica y se emplean de inmediato por el organismo.

Los triglicéridos de cadena media ofrecen como efecto terapéutico la ventaja, ante otros de cadena larga, el de ser más efectivos para preservar la función cerebral bajo hipoglicemia. Se ha demostrado que el ácido láurico incrementa más las concentraciones de cuerpos cetónicos que otros ácidos grasos de mayor cadena hidrocarbonada.

En resumen, hay suficientes evidencias para considerar el empleo del aceite de coco como grasa integrante de la dieta cetogénica, dada su alta composición de **MCT** y por consiguiente su elevada predisposición a la formación de cuerpos cetónicos útiles para facilitar la oxidación en las células cerebrales y evitar su muerte o deterioro.

REFERENCIAS.

(1) Woodyatt, R. (1921). *Objects and method of diet adjustment in diabetics*. Arch Intern Med 28:125–141.

(2) Wilder, R. (1921). *The effect on ketonemia on the course of epilepsy*. Mayo Clin Bull2:307.

(3) Biltz, H. (1908). *Über die Bromierung des Diphenylglyoxalons. II*. Ber. dtsch. Chem. Ges. 41, 1379 [1908].

(4) Huttenlocher, P., A. Wilbourn and J. Signore (1971*). Medium-chain triglycerides as a therapy for intractable childhood epilepsy*. Neurology.1971 Nov; 21(11):1097-103.

(5) Owen, O, et al. (1967). *Brain metabolism during fasting*. J Clin Invest 1967; 46:1589–95.

(6) Drenick, E, et al. (1972). *Resistance to symptomatic insulin reactions after fasting*. J Clin Invest 1972; 51:2757–62.

(7) Huttenlocher, P. (1976). *Ketonemia and seizures: metabolic and anticonvulsant effects of two ketogenic diets in childhood epilepsy*. Pediatr Res. 1976 May;10(5):536-40.

(8) Mitchell, G. et al. (1995). *Medical aspects of ketone body metabolism*. Clin Invest. Med.1995 Jun; 18(3):193-216.

(9) Veech, R. et al. (2001). *Ketone bodies, potential therapeutic uses*. IUBMB Life. 2001. Apr; 51(4):241-7.

(10) Cahill G.Jr. and R. Veech (2003*). Ketoacids? Good medicine?* Trans Am Clin Climatol Assoc. 2003;114:149-61; discusión 162-3.

(11) Samoilova M1, et al. (2010). *Chronic in vitro ketosis is neuroprotective but not anti-convulsant.* J.Neurochem. 2010 May; 113(4):826-35.

(12) Massieu, L. (2003). *Acetoacetate protects hippocampal neurons against glutamate-mediated neuronal damage during glycolysis inhibition.* Neurosciense. 2003; 120(2):365-78.

(13) Nonaka, Y. et al. (2016). *Lauric Acid Stimulates Ketone Body Production in the KT-5 Astrocyte Cell Line.* (J Oleo Sci. 2016 Aug 1;65(8):693-9.

CAPÍTULO III

Aceite de coco y Alzheimer

La posible acción del aceite de coco sobre el Alzheimer constituye uno de los aspectos relacionados con este producto sobre los que más se ha centrado la atención pública mediática en los últimos años, esta es una compleja enfermedad cerebro degenerativa para la cual aún no se cuenta con un tratamiento eficaz, ni con fármacos adecuados. Los resultados en este sentido son muy discretos, además, la enfermedad generalmente no se detecta hasta que ha avanzado lo suficiente para que las personas afectadas comiencen a presentar signos visibles y ver disminuidas sus facultades mentales.

De forma simple se puede definir el Alzheimer como una enfermedad neurodegenerativa que se manifiesta como deterioro cognitivo y trastornos conductuales, y que afecta con más frecuencia a las personas de la tercera edad. En los individuos afectados ocurre la pérdida de memoria de sucesos ocurridos con anterioridad, a corto plazo, así como otras capacidades superiores cognitivas. En ella se manifiesta la muerte de células nerviosas (neuronas) y el atrofiamiento de diferentes zonas del cerebro; es la forma más común de demencia.

El Alzheimer es una patología muy compleja y una en las que más esfuerzos se realizan en la comunidad internacional para encontrar medios o curas efectivas y mejorar así la calidad de vida de las personas afectadas, sin que hasta el momento se hayan obtenido resultados favorables. Por esto no es recomendable aventurarse en tomar posiciones y mucho menos afirmar con certeza que un producto como el aceite de coco sea una cura efectiva para este mal. Crear expectativas sin bases científicas que las respalden no forma parte de la ética, por lo que sería absurdo que se recomendaran usos y tratamientos que no estén debidamente comprobados.

Por esto, y aunque tal vez se caiga de nuevo en descripciones un tanto aburridas, se hará preciso volver a destacar en lo adelante las experiencias u artículos científicos publicados por diferentes especialistas sobre el tema, pues enfocan este y otros problemas de una manera más cercana a la realidad, además de ser redactados por especialistas o autoridades competentes.

Como en cierta medida se ha comprobado que la falta de eficiencia de la insulina para oxidar a la glucosa en el cerebro conlleva a la muerte o deterioro de neuronas, esto ha hecho pensar en los cuerpos cetónicos producidos por los **MCT** como forma de atenuar los efectos de la enfermedad. En este sentido se han realizado numerosas publicaciones, unas de carácter popular y otras en forma de artículos científicos que abordan este tema, el cual sería interesante abordar.

Además de los aceites vegetales empleados actualmente y que pudiesen ser efectivos en esta dirección anterior, el de coco es uno de los que parece más indicado para favorecer la cetogénesis, máxime que en el apartado anterior se estudiaron los mecanismos por los cuales los **MCT** que componen este aceite en cuantía significativa, son capaces de producir cuerpos cetónicos como el acetoacetato y el D-β-hidroxibutirato, que pueden competir y sustituir a la glucosa en el proceso de oxidación para producir la energía que necesitan las neuronas y otras células del organismo.

Más bien sería recomendable referirse a algunos de los resultados de ensayos *"in vitro"*, con animales de experimentación y clínicos, que aunque modestos, pueden tenerse en cuenta, si no es para establecer conclusiones, al menos el de dar cierta esperanza en la atenuación de esta molesta enfermedad, azote de la población mundial de mayor edad en estos momentos.

En consecuencia con lo expresado a priori, en mayo de 2000 en un trabajo titulado *"D- β -Hydroxybutyrate protects neurons in models of Alzheimer's and Parkinson's disease"*, Yoshihiro Kashiwaya y otros especialistas pertenecientes a instituciones inglesas y norteamericanas (1), publicaron sus investigaciones sobre el D-β- hidroxibutirato en modelos de enfermedad de Parkinson y Alzheimer, que aunque difieren en la composición de las proteínas de la Amiloide-β, sugieren que ambas afecciones comparten un denominador común: deficiencias en el procesamiento de proteínas degradantes que pueden estar relacionados con una generación de energía mitocondrial defectuosa.

Como resultado de sus investigaciones, estos

especialistas consideraron que la elevación de los niveles de cetonas puede ofrecer neuroprotección en el tratamiento o prevención de ambas enfermedades. También que: "El alto contenido de grasas de la dieta cetogénica utilizada en la epilepsia infantil puede no ser adecuada para adultos debido a su potencial aterogénico; sin embargo, fuentes dietéticas alternativas de cetonas producidas biotecnológicamente pueden superar esta dificultad y proporcionar beneficios, sin los efectos secundarios indeseables de las dietas cetogénicas actuales."

Pocos años después, en 2004, en un artículo titulado: "*Hydroxybutyrate on cognition in memory-impaired adults*", M. Reger con la colaboración de especialistas de otras instituciones (2) y tomando en consideración que la glucosa es el principal sustrato energético del cerebro, consideraron que: "En la enfermedad de Alzheimer (**EA**), parece haber una afectación patológica en el cerebro y una disminución de la capacidad para emplear la glucosa. La evidencia neurobiológica sugiere que los cuerpos cetónicos son un sustrato de energía alternativa eficaz para el cerebro".

El estudio en cuestión lo realizaron con 20 pacientes con alzheimer (**EA**) o deterioro cognitivo leve a los que suministraron una emulsión rica en **MCT** y encontraron una mejora en la memoria de párrafos en los que habían consumido el producto en relación con los que habían ingerido un placebo donde no se notó este progreso, por lo que consideraron que: "La elevación de los niveles corporales de cetonas en plasma a través de una dosis oral de triglicéridos de cadena media (**MCT**) puede mejorar el funcionamiento cognitivo en adultos mayores con trastornos de memoria" ; aunque consideran que se precisan ampliar las investigaciones en este sentido

En 2015 W. Fernando y otros colaboradores (3), en un artículo de revisión publicaron sus observaciones en la British Journal Nutrition sobre el rol del aceite de coco para la prevención y el tratamiento de Alzheimer y su potencial mecanismo de acción. En él, parten de la composición diferenciada de este aceite de las demás grasas comunes en lo referente a los **MCT** y su facilidad para ser absorbidos y metabolizados por el hígado para convertirlos en cetonas y que los "… cuerpos cetónicos, son una fuente de energía alternativa importante en el cerebro, y pueden ser beneficiosos para las personas que desarrollan o ya muestran deterioro de la memoria, como en la enfermedad de Alzheimer (**EA**)". Consideran, además que… "el coco se clasifica como un "alimento funcional altamente nutritivo".

Según estos autores: "…cada vez hay mayor evidencia para apoyar el concepto de que el coco puede ser beneficioso en el tratamiento de la obesidad, dislipidemia, **LDL** elevado, resistencia a la insulina e hipertensión; estos son los factores de riesgo para **ECV** y diabetes tipo 2, y también para la **EA**. Además, los compuestos fenólicos y las hormonas (citoquininas) que se encuentran en el coco pueden ayudar a prevenir la agregación del péptido amiloide-β, lo que podría inhibir un paso clave en la patogénesis de la **EA**.

Recientemente, en un artículo publicado en 2017: "*A cross-sectional comparison of brain glucose and ketone metabolism in cognitively healthy older adults, mild cognitive impairment and early Alzheimer's disease*" (4) E. Croteau y otros colaboradores, informaron que mediante un "… protocolo de **TEP** cinética cuantitativa y de imágenes por resonancia magnética para el metabolismo de la glucosa y el acetoacetato cerebral, se confirma que el cerebro sufre atrofia estructural y un metabolismo de menor energía cerebral en el **DCL** (deterioro cognitivo leve) y la **EA**, y se demuestra que el deterioro del metabolismo de la energía cerebral es específico de la glucosa. Estos resultados sugieren que una intervención cetogénica para aumentar la disponibilidad de energía para el cerebro está justificada en un intento de retrasar un mayor deterioro cognitivo mediante la compensación del déficit de glucosa cerebral en el **DCL** y la **EA**".

En un trabajo posterior para dilucidar si el cerebro puede utilizar fuentes adicionales de combustible, como cetonas, para elevar su nivel energético, el propio E, Croteau y colaboradores, (5) investigaron en muestras de adultos sanos y enfermos de Alzheimer la respuesta a la ingestión suplementaria de **MCT** (30 g/día) de dos compuestos: uno una mezcla 55 % de ácido caprílico y 35 % de ácido cáprico y otro de tricaprilina (95 % de ácido caproico, (C6:0). Los resultados finales arrojaron que "...el consumo de cetonas cerebrales se duplicó en ambos tipos de suplementos de **MCT**... La pendiente de la relación entre las cetonas plasmáticas y la captación de cetonas cerebrales fue la misma que en los adultos jóvenes sanos. Ambos tipos de **MCT** aumentaron el metabolismo total de la energía cerebral al incrementar el suministro de cetonas sin afectar la utilización de glucosa en el cerebro. Conclusión: Las cetonas de **MCT** compensan el déficit de glucosa cerebral en la **EA** en proporción directa al nivel de cetonas Alcanzado en el plasma".

También en 2017 C. Vandenberghe en un trabajo titulado: *"Tricaprylin Alone Increases Plasma Ketone Response More Than Coconut Oil or Other Medium-Chain Triglycerides: An Acute Crossover Study in Healthy Adults"* (6), ensayaron con diferentes agentes generadores de **MCT** sobre adultos para apreciar la efectividad comparativa de cada uno de ellos con el aceite de coco y la dieta cetogénica clásica, y encontraron que: el tricaprilin (C8:0) fue el medio que más elevó los cuerpos cetónicos en una magnitud cuatro veces los del aceite de coco en 8 h, pero indujo solo la mitad del aumento de la relación acetoacetato/**BHB**, en comparación con el aceite de coco, lo que sugiere que la …"optimización del tipo de **MCT** puede ayudar en el desarrollo de suplementos cetogénicos diseñados para contrarrestar el deterioro de la captación de glucosa en el cerebro asociada con el envejecimiento".

En su estudio comparativo hallaron que de los ácidos grasos constituyentes de los triglicéridos de cadena media (**MCT**) ensayados, el de mayor efectividad cetónica fue el ácido caprílico (C8:0). Este ácido se encuentra en una cantidad aproximada del 7 % en el aceite de coco y es poco común en otros aceites vegetales, salvo en el de las almendras de otras palmáceas.

Por otra parte, un estudio "*in vitro*" llevado a cabo por F. Nafar y K. Mearouw: "*Coconut oil attenuates the effects of amyloid-β on cortical neurons in vitro*" (7) y publicado in the Journal of Alzheimer's Disease, sobre los efectos de la inclusión de aceite de coco en las neuronas corticales, indica que la supervivencia de las neuronas en cultivos tratados con aceite de coco y amiloide-β fue superior al de los cultivos tratados únicamente con amiloide-β. Además, en este estudio se determinó que el co-tratamiento con aceite de coco también atenuaba las alteraciones mitocondriales inducidas por el amiloide-β.

En otro estudio semejante llevado a cabo por ambos autores en colaboración con J. Clarke: "*Coconut oil protects cortical neurons from amyloid-β toxicity by enhancing signaling of cell survival pathways*" (8), se

69

investigó el tratamiento de amiloide-β durante 1; 6 y 24 h, y la posterior adición de aceite de coco durante otras 24 horas seguido de la exposición a amiloide-β durante diversos períodos de tiempo. Se evaluaron además, la supervivencia neuronal y varios indicadores celulares (caspasa 3 escindida, etiquetado de sinaptofisina y **ROS** (reactive oxygen species: especies reactivas de oxígeno)).

Los resultados obtenidos en el experimento anterior demostraron que el aceite de coco rescata las células preexpuestas a amiloide-β durante 1 o 6 h, pero es menos eficaz cuando la preexposición se prolonga hasta las 24 h. Sin embargo, el pretratamiento con aceite de coco antes de la exposición a amiloide-β mostró los mejores resultados. Esto, por supuesto, podría mostrar evidencias de la factibilidad del empleo de este aceite para prevenir el daño cerebro-encefálico relacionado con el Alzheimer, aunque constituyen hasta ahora solo evidencias.

En el estudio en cuestión, el tratamiento con ácido caprílico, o láurico, también proporcionó protección contra amiloide-β, pero no fue tan efectivo como el aceite de coco. El tratamiento con aceite, así como los ácidos octanoico, decanoico y láurico, dio como resultado un aumento modesto en los cuerpos cetónicos en comparación con los controles.

Por otra parte, en un estudio sobre productos que inducen la cetogénesis llevado a cabo por J. Jao y colaboradores (10) en ratas femeninas, se comprobó que por el efecto de estos se mantiene la función mitocondrial y se reduce la patología del Alzheimer.

La disfunción mitocondrial se ha propuesto como un regulador clave en la patogénesis de los trastornos neurodegenerativos, incluida la enfermedad de Alzheimer. Anteriormente se había demostrado que los déficit bioenergéticos mitocondriales preceden al Alzheimer. Además, en análisis clínicos y preclínicos de cerebros afectados por esta enfermedad, se ha observado una disminución en la producción de energía soportada por glucosa, como lo demuestra un descenso en la expresión de enzimas glicolíticas acopladas a una disminución en la actividad del complejo piruvato deshidrogenasa (**PDH**).

De acuerdo con lo anterior, las sustancias que suplanten el papel energético de la glucosa en el cerebro podrían ser efectivas para el tratamiento del Alzheimer, como los productos cetónicos derivados de los **MCT**, que contiene el aceite de coco.

Para finalizar, recientemente especialistas de la Universidad Católica de Valencia, España, con el concurso de profesionales de otras instituciones (10), reportaron en 2017 (*Influencia del aceite de coco en enfermos de alzheimer a nivel cognitivo*) haber llevado a cabo un estudio clínico con 44 pacientes de Alzheimer a nivel cognitivo, a 22 de los cuales se le suministró, acompañando a las comidas, dosis de 20 ml de aceite de coco en cada una de ellas durante un período de 3 semanas, pudiendo comprobar, en relación con los otros pacientes como grupo control, una mejoría en los siguientes síntomas:

Mejoras en el estudio: %

Orientación: 65
Cálculo concentración: 50
Lenguaje construcción: 30
Memoria: 25
Fijación: 14

No encontraron efectos adversos durante el estudio, lo que podría permitir se valorara una posible ampliación de la dosis y/o el tiempo de tratamiento, aunque concuerdan que el universo poblacional sometido a análisis es una muestra relativamente pequeña en relación a la posible extracción de conclusiones definitivas.

Algunos consideran que estos, u otros resultados de igual similitud está relacionado con la facilidad de metabolizarse en el cerebro de los derivados cetónicos de los ácidos de cadena media como el caprílico y el cáprico, atendiendo a las dificultades de la insulina para actuar sobre la glucosa que llega a este órgano necesaria para la alimentación y subsistencia de las células cerebrales, junto a otros posibles mecanismos.

En el cerebro existen células nerviosas que necesitan emplear la glucosa para producir energía, cuestión que se ve alterada por falta de eficacia de la insulina sobre este monosacárido relacionada con diferentes factores, por lo que las células se degradan o perecen.

Los compuestos cetónicos originados en el metabolismo de los **MCT** (acetoacetato y D- β-Hydroxybutyrato) podrían actuar como forma alternativa y reemplazar a la glucosa, una vez que estos pueden ser empleados por las neuronas en el cerebro para producir energía en vez de esta, que al final es un compuesto con el que guardan cierta similitud funcional.

Los lípidos derivados de los **MCT,** al contrario que los de los **LCT,** no se almacenan en el tejido adiposo, sino que pasan al hígado y después de ser metabolizados en este, se incorporan al torrente sanguíneo para distribuirse por el organismo, y al llegar al cerebro pueden oxidarse para producir energía sin necesidad de la insulina, ya que los pacientes con Alzheimer presentan dificultades en la acción de ésta sobre la glucosa.

Ahora, una cosa es curar el Alzheimer y otra prevenirlo, o atenuarlo, y en estos últimos aspectos es que puede ser útil el aceite de coco, que ya de hecho se oferta en farmacias en forma natural y en capsulas con diferentes fines.

Mientras más altos sean los niveles de consumo de **MCT** para producir cetocis, mayor probabilidad habría para que mejoraran los síntomas de atenuación de la enfermedad de Alzheimer, aunque claro, todo tiene un tope, una medida, y en eso se trabaja en la actualidad, tomando como referencia los niveles de ácido caprílico que asimila un niño mediante la alimentación con leche materna, pero esto es solo una ligera aproximación.

La **FDA** de los Estados Unidos tiene el aceite de coco en su lista **GRAS** (Generally Regarded As Safe), como alimento seguro.

Visto todo esto, hay esperanzas en encontrar tratamientos tempranos para reducir o atenuar los daños cerebrales relacionados con el Alzheimer, al menos en lo concerniente a los procesos metabólicos, y algunos componentes del aceite de coco evidencian cierta eficacia, o de lo contrario, de no ser totalmente eficaces, no afectan a la salud de las personas, siempre y cuando su consumo sea de forma moderada.

De todas formas, solo investigaciones más profundas: "*in vitro*", en animales de experimentación y en el propio ser humano, podrán dilucidar completamente este problema. Dejamos pues, a elección del lector que saque sus propias conclusiones sobre estas investigaciones, pero volviendo a recalcar que **el aceite de coco, aunque es un alimento funcional, no es más que un aceite vegetal como los demás, aunque con propiedades estructurales y una composición química muy particular**.

Probablemente el Alzheimer sea una enfermedad demasiado compleja para que un producto vegetal como el aceite de coco, pese a su particular naturaleza, pueda verse como una cura total y eficaz del mismo, pero cualquier cosa que esté comprobada que pueda atenuar sus efectos, aunque sea ligeramente, y sin dañar el organismo, debe ser bienvenida

REFERENCIAS:

(1)Yoshihiro, K et al. (2000). *D-β-Hydroxybutyrate protects neurons in models of Alzheimer's and Parkinson's disease.* Proc Natl Acad Sci U S A. 2000 May 9; 97(10): 5440–5444).

(2) Reger, M., et al. (2004). *Effects of β - hydroxybutyrate on cognition in memory-impaired adults.* Neurobiol Aging. 2004 Mar; 25(3):311-4.

(3) Fernando, W., et al. 2015). *The role of dietary coconut for the prevention and treatment of Alzheimer's disease: potential mechanisms of action.* Br J Nutr. 2015 Jul 14;114(1):1-14.

(4) Croteau, E. et al. (2018). *A cross-sectional comparison of brain glucose and ketone metabolism in cognitively healthy older adults, mild cognitive impairment and early Alzheimer's disease.* Exp Gerontol. 2018 Jul 1;107:18-26.

(5) Croteau, E. et al. (2018). *Ketogenic Medium Chain Triglycerides Increase Brain Energy Metabolism in Alzheimer's Disease.* Journal: Journal of Alzheimer's Disease, vol. 64, no. 2, pp. 551-561, 2018.

(6) C. Vandenberghe, et al. (2017). *Tricaprylin Alone Increases Plasma Ketone Response More Than Coconut Oil or Other Medium-Chain Triglycerides: An Acute Crossover.* Current Developments in Nutrition, Volume 1, Issue 4, 1 April 2017. e000257

(7)Nafar, F. and K. Mearouw (2014). *Coconut oil attenuates the effects of amyloid-β on cortical neurons in vitro.* J Alzheimers Disc. 2014;39(2):233-7.

(8) Nafar, F, J. Clarke and K. Mearow (2017). *Coconut oil protects cortical neurons from amyloid beta toxicity by enhancing signaling of cell survival pathways.* Neurochem Int. 2017 May;105:64-79.

(9) Yao J, et al. (2011). *2-Deoxy-D-Glucose Treatment Induces Ketogenesis, Sustains Mitochondrial Function, and Reduces Pathology in Female Mouse Model of alzheimer's Disease.* PLoS ONE 6(7): e21788. https://doi.org/10.1371/journal.pone.0021788

(10) De la Rubia Ortí, J. et al. (2017). *Influencia del aceite de coco en enfermos de alzhéimer a nivel cognitivo.* Nutr. Hosp. 2017; 34(2):352-356.

CAPÍTULO IV

Aceite de coco y enfermedades cardiovasculares

La naturaleza y composición del aceite de coco donde predominan los ácidos grasos saturados de cadena media (**AGSCM**), es considerada por algunos como que estos pueden ser mejor asimilados por el organismo y por consiguiente más fáciles de metabolizar, y que no existen pruebas suficientes para considerar que su carácter saturado pueda estar asociado a las enfermedades cardiovasculares o causantes de elevar el riesgo aterogénico.

Sustentan también su hipótesis en que ácidos de esta naturaleza se encuentran formando parte de la leche materna en determinadas proporciones, también que se hallan, aunque en menor concentración, en la leche de vaca y de otros animales domésticos como cabras y ovejas, alimento de por sí fuera de toda duda en lo que respecta a sus beneficios nutritivos.

Algunos productores de aceite de coco con fines farmacéuticos, indican que los triacilglicéridos de cadena media (**MCT**) conteniendo **AGSCM** son poco frecuentes en las fuentes de alimentación humana, a diferencia de sus homólogos de cadena larga base de nuestra dieta, y concluyen que comparativamente estos proporcionan energía a las células de forma rápida por su dinámica de absorción y oxidación, ya que en los otros esta es más lenta y compleja. Consideran además, que estos tienen menos capacidad para acumularse en el tejido adiposo, y por último, su no intervención en el ciclo del colesterol, mientras que los demás sí intervienen en el mismo, aunque esta cuestión merece una mayor profundización antes de reafirmarse tan categóricamente.

En relación con todo esto, los datos más relevantes sobre la relación entre el consumo de grasas saturadas y los niveles de colesterol plasmático, y en correspondencia con las enfermedades cardiovasculares, corresponden al llamado estudio de los *"siete países"* dirigido por Keys y colaboradores (1), (2); en la segunda mitad del pasado siglo, en el cual demostraron que el suministro de grasas saturadas correspondiente a más del 15 % de la ingesta energética diaria, se correspondía directamente con el incremento de los niveles de colesterol plasmático.

El estudio en cuestión fue ampliado y corroborado posteriormente por otros investigadores, los cuales encontraron que si se sustituía una parte de la ingesta de ácidos grasos saturados (**AGS**) por otra de ácidos grasos insaturados (**AGI**) - sustitución del 5 % de la ingesta energética - el riesgo podía disminuir hasta aproximadamente un 40 %. Esto determinó la importancia que se le dio desde entonces al tipo de grasas de consumo y la relevancia que tomaron las monoinsaturadas y poliinsaturadas para evitar, o disminuir, el riesgo de las enfermedades cardiovasculares.

En estudios posteriores, algunos investigadores han encontrado evidencias de que el nivel de consumo de **AGS** influye sobre las enfermedades cardiovasculares (**ECV**) y que ingestas pequeñas o moderadas no muestran un efecto significativo en esta afección, por lo que no es recomendable eliminarlos totalmente de la dieta, sino más bien restringir o moderar su consumo. Tampoco sustituir su rol energético por azúcares y otros carbohidratos, por cuanto el organismo precisa de estos ácidos.

Es también necesario destacar, que el propio organismo humano sintetiza determinada cantidad de ácidos grasos, y por otra parte, que no todos los **AGS** muestran el mismo efecto. Así, los de mayor incidencia y que elevan más significativamente los niveles de lipoproteínas de baja densidad (**LDL**) y de alta densidad (**HDL**), son los ácidos grasos saturados con cadenas entre 12 y 16 átomos de carbono: láurico (C12:0), mirístico (C14:0) y palmítico (C16:0), de los cuales el mirístico parece ser el que incide más desfavorablemente, seguido por el palmítico, y por último el láurico. Sin embargo, no se ha observado esa tendencia en el ácido esteárico, un ácido graso saturado de mayor longitud de cadena hidrocarbonada (C18:0).

De acuerdo con lo anterior, y habida cuenta que en el perfil lipídico del aceite de coco las concentraciones de ácidos grasos de cadena hidrocarbonada comprendida entre 12-16 átomos de carbono superan las de los demás y alcanzan un valor de aproximadamente el 74 %, esto es, cerca de las tres cuartas partes de su contenido, se manifiesta cierta contradicción con lo que exponen los que consideran la no incidencia de los **AGSCM** sobre las **ECV**, máxime si dentro del perfil lípídico del aceite de coco se observa que solo el 2,5 % corresponde al ácido esteárico, que a pesar de ser un ácido graso común en muchos aceites y en grasas sólidas animales como el lardo (14, %), el sebo (19,5 %) y la mantequilla (8,9 %), no muestra correlación con las **ECV**.

En contraposición a esto, se deriva del contenido de los capítulos anteriores, que los ácidos grasos de cadena entre 4-10 átomos de carbono podrían no modificar el riesgo de **ECV,** por cuanto siguen rutas metabólicas diferentes en el organismo. Esta última información, sin embargo, aporta datos a favor del beneficio de los ácidos grasos saturados de cadena más corta, dentro de los cuales se encuentran el ácido caprílico (C8:0) y el ácido cáprico (C10:0), cuya cuantía resulta ser ligeramente significativa en el aceite de coco, pues entre ambos suman un 14 % de su contenido, aspecto que diferencia el perfil lipídico del aceite de coco del de los demás aceites vegetales comunes, salvo de los que proceden de palmeras que guardan similitudes con el cocotero, cuyo consumo es muy restringido, salvo el extraído de la nuez de palma africana.

Se considera que los **AGS** inciden en la disminución de los receptores de las lipoproteínas de baja densidad (**LDL**) asociadas con el colesterol, con lo que las proporciones de éstas se ven menos disminuidas y por consiguiente se incrementan los niveles de este esteroide. También que estos ácidos incrementan la emisión de lipoproteínas de muy baja densidad (**VLDL**) que disminuyen la degradación de apoproteina **B-100** (ligada al receptor de las **LDL**), lo que se traduce en un incremento de colesterol y de los triacilglicéridos. Todo esto a través de diferentes mecanismos metabólicos.

Molécula de Colesterol

Con estos elementos y otros más recogidos en la literatura clínica, se hace difícil defender la no incidencia de los **AGSCM** sobre las **ECV** y ello no de forma positiva, aunque en estos habría que descartar los de cadena más corta: caprílico y cáprico. Por tal motivo y teniendo en cuenta el perfil lipídico del aceite de coco, el análisis debe centrarse en el efecto que pueden tener juntos o separados, los ácidos grasos láurico (47 %), mirístico (18 %) y palmítico (9 %), pero sobre todo los dos primeros por su alta proporción en este aceite. En este análisis se pasa por alto el ácido oleico (7 %) de contenido en el aceite en cuestión, por su reconocida acción protectora sobre las **ECV** y su carácter monoinsaturado.

En lo que respecta a la literatura científica, como es un tema trascendente por la alta incidencia de las **ECV** en las comunidades humanas de los países desarrollados tecnológicamente industrializados, se publican frecuentemente artículos científicos en esta dirección, incluyendo actualmente algunos sobre el aceite de coco y su incidencia en ellas, aunque algunos podrían hacer referencia a resultados sorprendentes, o no esperados, de acuerdo con la idea generalizada de que los ácidos grasos saturados y sus triacilglicéridos correspondientes son causa de riesgo de las enfermedades

81

cardiovasculares.

En relación con todo esto, la comunidad científica internacional se ha mostrado escéptica ante cualquier evento que pueda cambiar esta concepción, independientemente de que la composición de ácidos grasos saturados del aceite de coco muestre una naturaleza diferenciada de los demás aceites vegetales ricos en **AGS,** cuya incidencia se valora como negativa para las **ECV** (3), por lo cual, son de la consideración de que no se deben aventurar otras conclusiones y que por tal motivo el aceite de coco debe seguir siendo considerado un aceite rico en ácidos grasos saturados con las cualidades y generalizaciones hechas para ellos, incluyendo las recomendaciones de la USDA (The United States Department of Agricultura) de que no deben conformar más de la décima parte del consumo total de energía por el organismo.

Y no es para menos esta preocupación, atendiendo al auge que está teniendo el empleo del aceite de coco para el tratamiento de diversas afecciones, incluyendo las referentes a la dieta y esto, en algunos casos, sin la debida fundamentación, o con hechos experimentales que avalen su uso.

Atendiendo a esta situación es que se decidió, antes de valorar los resultados experimentales más recientes que puedan contradecir esta teoría en lo relativo al aceite de coco como un aceite más rico en **AGS** que los demás, aunque de diferente naturaleza; rebuscar en la literatura científica lo hallado con cada uno de los componentes básicos del aceite de coco, esto es: los ácidos grasos saturados que lo forman y que pueden estar relacionados con el incremento del colesterol sérico total (**COLt**), las lipoproteínas de baja densidad (**LDL**) y las de alta densidad (**HDL**), que son los principales indicadores que pueden incidir en este sentido, unos considerados como malos: los incrementos de **COLt y LDL,** y otros como bueno: el incremento de **HDL**, aunque en algunos casos se haga mención a otros indicadores más relacionados con los mismos.

El primero de los ácidos grasos, o triacilglicéridos que se ha seleccionado para comenzar el análisis es el ácido láurico (C12:0), por su altísima concentración en el aceite de coco (alrededor del 50 %), de manera que los resultados obtenidos con este pudiesen ser definitorios sobre el comportamiento del aceite en cuestión y su posible incidencia, o no, en las **ECV**.

Un estudio muy útil en este sentido fue el derivado de las investigaciones llevadas a cabo por R. Mensing y colaboradores (4) sobre los ácidos grasos saturados de referencia (C12-C16), en que reportaron que: "El ácido láurico aumentó considerablemente el colesterol total, pero gran parte de su efecto fue en el colesterol de las **HDL**. En consecuencia, los aceites ricos en ácido láurico disminuyeron la relación entre el Colesterol total y el **HDL** colesterol. Los ácidos mirístico y palmítico tuvieron poco efecto sobre él y el ácido esteárico redujo ligeramente la relación."

En otras palabras, el ácido láurico incrementa significativamente los niveles de **COLt**, a la vez que lo hace con el de las **HDL** y en mayor magnitud en esta última, con lo cual disminuye la relación **COLt/HDL**, que más que los niveles de colesterol por si solos constituyen un indicador preferente para valorar las posibilidades de riesgo aterogénico. De esta manera, el principal ácido graso componente del aceite de coco mostró un efecto protector para evitar el riesgo de **ECV**, al menos en este estudio.

Parece ser que los ácidos mirístico y palmítico son los ácidos grasos saturados que mayor efecto hipercolesterolémico tienen y que su comportamiento no es igual que el del ácido láurico, que a la vez que eleva los niveles de **colesterol** y **LDL** lo hace con el **HDL** con lo que restituye el posible daño causado por este y en esencia su efecto es positivo. Como el ácido láurico se encuentra en una proporción dos veces mayor en el aceite de coco que la suma de las concentraciones de los ácidos mirístico y palmítico, esto podría traducirse en efectos positivos por este aceite sobre el riesgo de **ECV**, pero las investigaciones en este sentido aún no permiten extraer conclusiones definitivas.

Pero una sola evidencia no basta, así que siguiendo la búsqueda en la literatura científica, esta vez más reciente (Diciembre de 2017), se encontró que en un articulo publicada por S. Chinwong, D. Chinwong and A. Mangklabruks (5), estos describen una investigación llevada a cabo con 35 voluntarios sanos de entre 18-25 años de edad divididos en dos grupos: a uno (el experimental) se le administró una dosis de 15ml (dos veces al día) de aceite de coco virgen extra (VCO) y al otro (control) el mismo volumen de carboximetilcelulosa al 2%, durante un período de 8 semanas. Los resultados obtenidos mostraron que: "...la ingesta diaria de VCO aumentó significativamente el colesterol de lipoproteínas de alta densidad en 5.72 mg/dL (p=0.001) en comparación con el régimen de control. Sin embargo, no hubo diferencias en el cambio en el colesterol total, el colesterol de lipoproteínas de baja densidad y los niveles de triglicéridos entre los dos regímenes.

Parece ser entonces que el posible efecto del aceite de coco sobre la hiperlipidemia, y por consiguiente el daño aterogénico, puede estar dado por el incremento sustancial de las lipoproteínas de alta densidad (**HDL),** en mayor proporción que los demás factores de riesgo como el colesterol total (**COLt**) total y las lipoproteínas de baja densidad (**LDL**). También está claro, que por supuesto, un aumento en las concentraciones de **HDL**, debe contribuir al incremento del colesterol total.

En personas moderadamente hipocolesterolémicas también se han realizado estudios comparativos entre diferentes grasas con el aceite de coco (6), tales como la mantequilla y el aceite de cártamo, que es un aceite extraído de la semilla de esta planta, y muy rico en ácidos grasos monoinsaturados y poliinsaturados (oleico y linoleico), por lo que atendiendo a su composición este debía ser un buen agente protector de las **ECV**. En el experimento en cuestión participaron cerca de 30 personas de ambos sexos durante un período de tiempo de seis semanas, con dietas de grasas equivalentes al 50 % del consumo total del organismo; y en efecto, como se suponía, el orden en que estas grasas afectaron el incremento del colesterol total y las **LDL** fue mayor con el de la mantequilla, seguida por el aceite de coco y por ultimó el de cártamo. De manera que en este sentido el aceite rico en ácidos grasos insaturados resultó mejor.

En el estudio en cuestión también hubo diferencias de género, y en el caso de las **HDL**, el crecimiento hallado no resultó significativo en lo general, salvo en el grupo de mujeres que si lo fue, principalmente con el aceite de coco. En lo referente a las apolipoproteinas **A-I** (relacionadas con los receptores del **HDL** y activadores de la Lecitin Colesterol Acil Transferasa) y **B**, con las **LDL,** los mayores incrementos los ocasionó el aceite de coco seguido por la mantequilla, y por último, el aceite de cártamo.

Con los datos mostrados hasta ahora podría inferirse, de

forma inicial, que aunque los ácidos láurico, mirístico y palmítico incrementan los niveles de **COLt** y **LDL** los componentes del aceite de coco en su conjunto al elevar mucho los niveles de **HDL** contrarrestan este efecto.

Para poder dilucidar aún más el efecto individual de los ácidos láurico, palmítico y oleico, esto es, un ácido graso saturado de cadena media, uno saturado de cadena larga y uno monoinsaturado, la literatura científica también recoge investigaciones en esta dirección. En una de ellas: *"Comparison of the effects of diets enriched in lauric, palmitic, or oleic acids on serum lipids and lipoproteins in healthy women and men"*. (7), se realizó un estudio en poco más de una treintena de adultos con dietas preparadas en que prevaleciera cada uno de estos ácidos por separado, durante período un de tiempo de 6 semanas, obteniéndose como resultado que el ácido láurico fue el que más incrementó los niveles de colesterol sérico total, al que también contribuyó el ácido palmítico, mientras que la dieta rica en ácido oleico fue quien menos contribuyó a este aumento. Como se ha visto en otros ensayos, en este también las concentraciones de **HDL** fueron más elevadas con la dieta rica en ácido láurico que con las demás.

El mayor incremento del colesterol por efecto del ácido láurico en relación con el palmítico estaría justificado por el aumento mayor del primero sobre las **HDL**, que como se ha mencionado, su contenido también se incluye en el colesterol total.

Visto el efecto de dietas ricas en ácido láurico sobre los niveles de colesterol plasmático y comparadas con otras conteniendo elevados niveles de ácido oleico y palmítico, solo faltaría comprobar como se comportan las dietas enriquecidas con ácido mirístico, que se

86

encuentra en el aceite de coco en una proporción de aproximadamente un 18 %, aunque en niveles casi tres veces menores que el ácido láurico. En este sentido se han encontrado experimentos llevados a cabo a finales del siglo XX (8) en el que se ha comparado el comportamiento del colesterol y las lipoproteínas en estudio sobre una muestra de cerca de 60 individuos de ambos sexos, aunque con mayoría de mujeres, divididos en tres grupos y sometidos durante tres semanas a dietas con elevado contenido de ácido mirístico, palmítico y oleico, respectivamente.

Los resultados obtenidos en el estudio en cuestión, indican que los niveles de colesterol más altos fueron con el grupo alimentado con un suplemento de ácido mirístico seguido por el palmítico y por último con el oleico. Este mismo comportamiento se comprobó con las **LDL, HDL** y para el **apo A-I**. En resumen, los ácidos palmítico y mirístico originaron niveles altos de **LDL**, y **apo B**, e índices bajos de la relación **HDL/LDL**, con lo que se refuerza la tesis de que constituyen un factor de riesgo de las **ECV**

No obstante lo controvertido del problema, en un "review" publicado en 1997, P. Kris-Etherton y S. Yu resumían lo concerniente a este problema de la forma siguiente: "Sobre la base de un número limitado de estudios bien controlados, parece que el ácido mirístico es el ácido graso saturado más potente. De los ácidos grasos saturados, el ácido esteárico es excepcionalmente diferente en el sentido que parece ser un ácido graso neutro. Los ácidos grasos monoinsaturados parecen ejercer un efecto neutro o ser ligeramente hipocolesterolémicos. Los ácidos grasos trans provocan efectos intermedios a los de los ácidos grasos saturados hipercolesterolémicos y de los ácidos grasos cis monoinsaturados y cis-poliinsaturados. Los ácidos grasos poliinsaturados provocan los efectos hipocolesterolémicos más potentes" (9)

Sobre la base de los resultados de las investigaciones mostradas hasta ahora, podría inferirse que el comportamiento de los ácidos grasos saturados de cadena larga no es el mismo que el del láurico de cadena media, en lo concerniente a que este último eleva las **HDL** de forma sustancial. Aunque, comoquiera que las concentraciones entre el ácido mirístico y el palmítico alcanzan cerca de un 25 % de grasas saturadas de cadena larga en el aceite de coco, este puede ser un indicador a tener presente y que no se debe subestimar. Por otra parte, teniendo en cuenta las técnicas modernas para cambiar el perfil lipídico en los vegetales, bien por cruzamientos, hibridación y modificaciones genéticas, se pudiesen obtener variedades de *Cocos nucifera L.* con mejoras en la composición lipídica en lo concerniente a disminuciones en la composición de los ácidos mirístico y palmítico, aunque preferiblemente del primero.

De todas formas, aventurar una orientación en esta dirección para elevar los niveles de los ácidos grasos de cadena media, no sería necesario, pues esto puede llevarse a cabo de forma industrial mediante técnicas de fraccionamiento, transesterificación, u otras similares. Pero un aceite de coco muy rico en estos componentes puede variar sus propiedades organolépticas, sobre todo si se elevan mucho las concentraciones de los ácidos grasos de menor tamaño de cadena: caprílico (8) y cáprico (10) y no para mejor, por los consabidos olores y sabores de estos compuestos, con su efecto negativo sobre el gusto y aceptación por la población.

Hasta este momento, el análisis lleva a considerar que los riesgos sobre las enfermedades cardiovasculares relacionados con los aceites ricos en ácidos grasos saturados no deben extrapolarse al aceite de coco ni otros procedentes de nueces de palmáceas, donde es alta la concentración de ácidos grasos y triacilglicéridos de cadena media, para lo cual se muestra a continuación un último estudio por la singularidad que este tuvo y la repercusión en los medios de divulgación mediáticos, quienes fueron los que impulsaron este ensayo clínico.

En un artículo sobre un programa de la cadena televisiva inglesa **BBC** presentado por el Dr. Michael Mosley de 9 de enero de 2018: "*Is coconut oil a superfood?*" (10) (¿Es el aceite de coco un superalimento?), el presentador, después de valorar algunos aspectos de este aceite, sobre todo su incidencia mediática en los medios y el escepticismo de la comunidad científica al respecto, se detuvo en el colesterol y la tendencia a incluir a este aceite entre las grasas causantes de factores de riesgo para las enfermedades cardiovasculares (**ECV**); y ante las contradicciones y la falta de ensayos dirigidos directamente a este problema con el aceite de coco, expuso cómo se contactó con destacados académicos de Cambridge, Inglaterra, con ayuda de los cuales se diseñó y realizó un estudio con "…94 voluntarios, de entre 50 y 75 años de edad y sin antecedentes de diabetes o enfermedad cardiaca" para evaluar qué efecto tendría ingerir diferentes tipos de grasa en sus niveles de colesterol (11).

Según se expone, los pacientes distribuidos en tres grupos ingirieron una vez al día 50 g, de diferentes grasas, uno de aceite de coco, y en los dos grupos restantes se empleó la misma cantidad de aceite de oliva o de mantequilla, respectivamente, para comparar el efecto de estas tres grasas sobre los niveles de colesterol y lipoproteínas asociadas: de baja densidad

(**LDL**) y de alta densidad (**HDL**).

El estudio se prolongó durante cuatro semanas al final de las cuales se valoraron los resultados y se encontró sorprendentemente que la relación **COLt/HDL**, cuyo indicador es el que presupone el posible riesgo aterogénico, fue más baja en el grupo con aceite de coco que en los demás, incluyendo el del aceite de oliva, que aunque como era de esperar, mostró resultados favorables al disminuir ligeramente las **LDL** y aumentar en un 5 % las **HDL**, no pudo alcanzar la magnitud del indicador positivo del aceite de coco, que aunque elevó las **LDL**, el incremento en los niveles del **HDL** triplicó el del aceite de oliva (15 %) con lo que compensó y superó el indicador de disminución del riesgo aterogénico. Está demás decir, que en el caso de la mantequilla, los resultados fueron los esperados: incrementándose el factor de riesgo dado que aunque los niveles de **HDL** subieron un 5 % los del **LDL** lo hicieron el triple.

Estos resultados, según el presentador, fueron una sorpresa para los propios investigadores, pero como es de esperar, no se pueden realizar amplias generalizaciones ante un asunto tan delicado, pues se trata de un estudio aislado, hasta que nuevas y más profundas investigaciones eluciden claramente el papel del aceite de coco y su incidencia sobre las **ECV**. Estas afecciones, de hecho, constituyen uno de los principales problemas a los que se enfrenta el ser humano en el campo de la salud en la actualidad y por consiguiente no puede ser un tema que se trate a la ligera.

No obstante, el que el aceite de coco haya mostrado las evidencias experimentales anteriores, es un paso de avance, no solo para el empleo de este aceite como agente nutritivo y alimento funcional, que de hecho lo es, sino también para profundizar en el papel de los ácidos grasos de cadena media, y principalmente el que más abunda: el ácido láurico, sobre su verdadero efecto en la dieta humana, y que el rol de los aceites vegetales, no pueda verse solamente en relación con el nivel de saturación de sus ácidos grasos, sino también con la propia naturaleza y estructura de los mismos.

Como conclusión parcial puede expresarse que hasta el presente no se han reunido suficientes evidencias científicas derivadas de los estudios experimentales llevados a cabo sobre el efecto protector o no del aceite de coco sobre las enfermedades cardiovasculares (**ECV**), por lo que se hace recomendable ser cautos sobre su empleo en personas que puedan tener algún trastorno de esta índole, o muestren tendencias a padecerlas, atendiendo más que todo, a lo extendido de la misma en amplios sectores de las poblaciones de los países desarrollados, por constituir una enfermedad de alto riesgo para la salud, el bienestar y la propia vida de las personas. Ante cualquier duda o incertidumbre es recomendable atenerse a los criterios de un clínico, preferentemente un especialista en la materia.

REFERENCIAS:

(1) Keys A, J. Anderson and F. Grande (1957). *Prediction of serum cholesterol responses of man to changes in fats in the diet.* Lancet 1957; 273: 959-66.

(2) Keys A. (1980). *"Seven Countries: A Multivariate Análisis of Death and Coronary Heart Disease."* Cambridge, MA: Harvard University Press.)

(3) Sankararaman S. and T. Sferra (2018). *Are We Going Nuts on Coconut Oil?.* Curr Nutr Rep. 2018 Sep;7(3):107-115.

(4) Mensink, R., et al. (2003). *Effects of dietary fatty acids and carbohydrates on the ratio of serum total to HDL cholesterol and on serum lipids and apolipoproteins: a meta-analysis of 60 controlled trials1–3.* Am J Clin Nutr 2003;77:1146–55. Printed in USA. © 2003 American Society for Clinical Nutrition.

(5) Chinwong, S, D. Chinwong and A. Mangklabruks (2017). *Daily Consumption of Virgin Coconut Oil Increases High-Density Lipoprotein Cholesterol Levels in Healthy Volunteers: A Randomized Crossover Trial.* Evid Based Complement Alternat Med. 2017; 2017:7251562.

(6) Cox, C. et al. (1995). *Effects of coconut oil, butter, and safflower oil on lipids and lipoproteins in persons with moderately elevated cholesterol levels.* J Lipid Res. 1995 Aug;36(8):1787-95.

(7) Temme, E., R. Mensink and G. Hornstra (1996). *Comparison of the effects of diets enriched in lauric, palmitic, or oleic acids on serum lipids and lipoproteins*

in healthy women and men. Am J Clin Nutr. 1996 Jun;63(6):897-903.

(8) Denke, M. and S. Grundy. (1992). *Comparison of effects of lauric acid and palmitic acid on plasma lipids and lipoproteins.* Am J Clin Nutr. 1992 Nov;56(5):895-8.

(9) Kris-Etherton, P. and S. Yu. (1997). *Individual fatty acid effects on plasma lipids and lipoproteins: human studies.* Am J Clin Nutr. 1997 May;65(5 Suppl):1628S-1644S.

(10) Mosley, M. (2018). *Trust Me I'm a Doctor. Is coconut oil a superfood.* BBC2, January, 9, 2018

(11) Khaw, K. et al. (2018). *Randomised trial of coconut oil, olive oil or butter on blood lipids and other cardiovascular risk factors in healthy men and women.* BMJ Open. 2018 Mar 6;8(3):e020167.

CAPÍTULO V

Aceite de coco y obesidad

Es de inferir que después de hallar que los ácidos grasos de cadena media que se encuentran en el aceite de coco no siguen en el organismo la misma ruta metabólica de los demás ácidos grasos de cadena larga, a lo que se suma además, que su oxidación es más rápida y producen menos cantidad de energía por unidad de masa ingerida, éstos deberían de mostrar algún efecto sobre el sobrepeso y la obesidad, y un último argumento, quizás el más llamativo: no forman adipositos, y por lo tanto no se almacenan en el tejido adiposo, al menos bajo ingesta moderada.

Sí, con estos argumentos resulta recomendable enfocar el posible uso del aceite de coco en una dieta para bajar de peso, tal como sucede con la cetogénica, pero por el momento puede que esta última no deba ser la más indicada, al menos hasta agotar otras vías, por cuanto requiere disminuciones sustanciales de otros nutrientes y tiene efectos relativamente más intensos que una dieta normal, además que su uso está muy bien destinado para otros trastornos, como los cerebro encefálicos.

A todo lo anterior se debe añadir algunas evidencias de estudios recientes, en torno a que el aceite de coco no contribuye en la medida que se pensaba al daño aterosclerótico, independientemente de que se incrementen los valores de **COLt** y **LDL**, pues en mayor proporción lo hace con las **HDL**, contrarrestando este efecto. Esto es muy importante de tener en cuenta, porque generalmente con la obesidad pueden estar asociados algunos trastornos cardiovasculares.

Sin embargo, dictar una dieta de aceite de coco contra el sobrepeso y la obesidad, tiene el mismo inconveniente de los cientos de dietas que diariamente se proponen y recomiendan de forma escrita y oral, de éstas hay muchas y todos los días se publican algunas más, pero si una sola de ellas tuviese el efecto deseado sin llevar al organismo a un estado de estrés o a un esfuerzo sobrehumano, o alterar completamente la forma de vida de las personas, o lo que es peor, que pueda causar otro tipo de trastornos, entonces no harían falta tantas dietas. Y es que a veces se olvida que la obesidad y el sobrepeso son un trastorno asociado con la forma y hábitos de vida social de nuestra época.

Es conocido por todos, que en épocas pasadas no se alcanzaron niveles tan elevados de obesidad y sobrepeso en la población como los actuales, lo que constituye una preocupación para los que se ocupan del estado de salud de las personas y para ellas mismas. El porcentaje de personas obesas, o con sobrepeso es alto, sobre todo en los países desarrollados e industrializados, donde se reúnen todos los factores para que las personas aumenten de peso y ocurra un desbalance entre la energía que se consume y la que se gasta, cayéndose entonces en un problema esencialmente termodinámico de acuerdo con su Primer Principio o "Ley de conservación y transformación de la energía", por lo que el organismo humano, como protección hace lo más recomendable, almacenarla en la forma material que mejor pueda serlo de acuerdo con su contenido por unidad de masa, esto es: las grasas en el tejido adiposo.

Y una vez almacenadas las grasas y manteniéndose el desequilibrio, entra más energía que la que se consume en las diferentes actividades en que participa el hombre, la mayoría sedentarias y carentes de una intensa actividad física, entonces continúa este acaparamiento aparentemente innecesario hasta que ocurre lo que es de esperar, que se reviente esta burbuja, pero no en la forma que se disperse y desaparezca la grasa, sino mediante otros males asociados al sobrepeso y la obesidad: dificultades en la movilidad, hipertensión, trastornos cardiovasculares, etc, algunos de los cuales pueden llegar a resultar fatales.

Se une a todo lo demás, la alta disponibilidad de alimentos de muy variada calidad y gustos agradables a los que pueden tener acceso las personas de acuerdo con su poder adquisitivo, sobre todo en los países desarrollados. Y esto es algo que antes, en épocas pasadas, no ocurría.

En los países económicamente pobres y poco desarrollados, la mayor parte del poder adquisitivo de los ciudadanos se emplea en alimentos, y las personas cuentan con menos medios de transporte mecanizado, ejecutan mayores desplazamientos a pie acompañados de mayor ejercicio, realizan trabajos con mayor actividad física, y generalmente en espacios más amplios, muchos de ellos al aire libre, por lo que consumen una mayor cantidad de energía y en mayor proporción alcanzan el equilibrio termodinámico necesario para un adecuado funcionamiento del organismo

Indudablemente, el desarrollo tiene su precio, y en el caso a que nos referimos un alto precio, además, las dietas comunes de las personas en los países desarrollados son más ricas en grasas y proteínas, también en carbohidratos elaborados y menos en vegetales, con lo que aumenta la exposición al sobrepeso y la obesidad.

Se suma a lo anterior el incremento del consumo de productos elaborados y semielaborados para hacer más llevadero el ritmo de vida, u obligados por la dinámica o la lejanía del trabajo, disminuyendo la frecuencia de comidas sanas y los cuidados tradicionales para su elaboración. En una casa se cocina no solo en dependencia de los gustos, sino también de acuerdo con el bienestar de las personas que constituyen el núcleo familiar; en un restaurante o en un establecimiento de comida rápida los indicadores son otros, pero en ningún caso en relación con el estado de bienestar o la salud del consumidor. Lo mismo se le servirá un plato de patatas fritas con un aceite sobre utilizado a la persona más delgada que a la más gruesa, sin ningún tipo de distinción ni advertencia, y cocinadas con el aceite adecuado o el inadecuado. Para el establecimiento ese no es su problema, sino del consumidor.

Visto lo anterior, y que las campañas dietéticas, de estímulo del ejercicio físico y otras, además de promesas dietéticas infundadas, según las estadísticas no ha resuelto el problema, este se agrava cada día más.

Baste para tener una idea sobre la incidencia de la obesidad y el sobrepeso en la vida moderna ver que los diez países con mayor índice del mundo sobrepasan el 25 % de la población entre las personas mayores de 15 años, siendo el que presenta el indicador más desfavorable Estados Unidos con un 38 % seguido por México, 32,4 % y Nueva Zelanda con el 30,7 %. En otras palabras, en el estado industrial más desarrollado del mundo 2 de cada 5 personas están afectadas por el sobrepeso, y en el caso de México se aprecia que el desarrollo cobra un alto precio en el estado de salud de las personas. Algo parecido ocurre en China donde entre 2006 y 2016 los niveles de sobrepeso en niños se duplicaron, a la par que crecía a ritmos avanzados la industrialización y el desarrollo económico. Con Chile ocurre algo similar, es un país que en los últimos tiempos ha avanzado mucho en su desarrollo agrícola-industrial, pero que también ha pagado su peaje en este tortuoso camino, y ocupa el 8vo puesto a nivel mundial en este negativo indicador (1).

Indudablemente, sería absurdo plantear que se debe detener el desarrollo industrial y económico, pues este trae asociado el progreso y otros factores de bienestar social y de salud para la población, pero sí establecer que no solo con la dieta se puede solucionar el sobrepeso y la obesidad en medio de un clima socioeconómico tan agresivo.

Hay quienes simplifican el problema y plantean que el sobrepeso, cuando no es una enfermedad genética, se combate solo con dos cosas: dieta y actividad física, a lo que yo sumaría otra: el entorno, y mientras este actúe con tanta fuerza e intensidad, dudamos que los dos primeros puedan realizarse con eficacia y mucho menos con la dinámica y premura que demanda el momento.

El entorno también es el causante de intensas propagandas de productos alimenticios cargados en grasas y carbohidratos, algunos de los cuales de agradable sabor y presencia constituyen una tentación para las personas. En el propio campo de los aceites vegetales se nota que se sobredimensiona la propaganda en este sentido, y más que sugerir que se ingiera solo el que precisa el organismo, se aconseja que se consuma más y para cualquier cosa; y el aceite de coco aunque no es el principal protagonista en el complejo sector oleícola, no está exento de esto; y más que valorar cuales aceites se pueden sustituir, o cómo balancearlos con otros, se tiende más bien al *suplemento*, cuestión que favorece incumplir aún más los principios de la termodinámico, que deben ser en este caso inviolables.

Al parecer la termodinámica no solo afecta en lo que concierne al Primer Principio, también al Segundo, el de la *Entropía* como medida del desorden, y si se postulaba que los sistemas tienden al máximo de entropía, esto último no solo se refiere a las moléculas; nuestro mundo al parecer es cada día más caótico y desordenado, y la alimentación también sigue este patrón. Cuando ha ocurrido un desorden en el balance y el equilibrio alimenticio es muy difícil poner orden y que las cosas vuelvan a su lugar, y esto lo saben muy bien los que afirman que subir de peso se hace fácil, de manera espontánea, pero bajar, resulta muy difícil.

En el caso de las personas con pesos normales, es recomendable ingerir el contenido energético equivalente al que se va a gastar, y en las que tienen sobrepeso, como menos, igual, pero preferiblemente menor para disminuir este indicador.

Es conveniente, antes de continuar, detenernos en algunos conceptos, y más que todos, en el de "obesidad", que de forma simple se puede definir como una enfermedad crónica, pero tratable, que viene acompañada por un exceso de acumulación de grasas en el tejido adiposo. Es el trastorno más común de la sociedad en los países desarrollados. Aumenta con la edad y sus causas pueden ser: factores ambientales y sociales, exceso de ingesta alimenticia, sobre todo en alimentos calóricos, así como factores genéticos de metabolismo y hormonales. Se caracteriza por el sobrepeso y constituye uno de los principales factores de riesgo cardiovascular.

Además del peso, la forma más fácil de medir la obesidad es el diámetro de la cintura: más de 35 pulgadas las mujeres y 40 los hombres para considerarse afectados por sobrepeso, así como el índice de masa corporal (**IMC**), que se calcula dividiendo los kilogramos de peso por el cuadrado de la altura (**IMC = P/h²**).

Se considera que la mejor forma de tratar la obesidad es mediante el cambio de la forma o estilo de vida, con todos los factores que esto puede conllevar, incluyendo la actividad física y la dieta, en la que se debe consumir menos cantidad de energía (calorías) que las que se eliminan, hasta adquirir el peso normal, a partir del cual debe mantenerse un equilibrio entre el gasto y el consumo energético.

Si las calorías que se consumen con la ingesta de alimentos no se gastan, se incrementa la obesidad, si se gasta la misma cantidad que se consume, se mantiene el peso, si se gastan mas de las que se consume, disminuye el peso. Esto constituye una regla al parecer fácil, pero de difícil cumplimiento

Indudablemente, el ejercicio físico es la forma más efectiva de gastar energía, pero en la medida que aumenta el sobrepeso hay más dificultades de movilidad y surgen otros síntomas que pueden limitar su ejecución. Lo mismo ocurre con el avance de la edad.

Las grasas son los nutrientes que contienen más energía por unidad de masa debido a factores estructurales y termodinámicos, a la par que son la forma más racional y menos voluminosa de almacenar energía, mediante el tejido adiposo. Si la energía se almacenara en forma de carbohidratos o proteínas, el volumen de las personas como mínimo se duplicaría, pues éstas tienen un poder calórico menos de la mitad que el de los lípidos.

A las propiedades nutritivas de las grasas hay debe añadírseles el que constituyen una forma de defensa del organismo ante determinadas contingencias, pues de lo contrario su exceso se evacuaría durante el proceso digestivo; es como si por un mecanismo automático el organismo previera épocas de falta de alimento o hambrunas, como ocurrió en tiempos no tan pasados.

Hasta el presente, la norma general establecía que el ingerir grasas saturadas incrementaba más los niveles de sobrepeso que las insaturadas, pero actualmente están surgiendo evidencias sobre que esto no puede verse como un principio sin excepciones, pues algunos estudios e investigaciones recientes avalan que esto no se cumple para todas las grasas saturadas, pues las que poseen altos niveles de triacilglicéridos de cadena media (**MCT**) no se comportan de esta forma, como es el caso del aceite de coco.

Por tanto, la naturaleza y las propiedades fisicoquímicas

de los ácidos grasos saturados de cadena media y corta, que determinan la forma de ser metabolizados en el organismo, no posibilitan que estos eleven los niveles de peso y se almacenen como tejido adiposo; aunque si el consumo es muy elevado, esto puede llevarse a cabo, sobre todo con los de mayor cadena hidrocarbonada como el láurico. Pero en condiciones normales, los ácidos grasos saturados de cadena media compiten con los demás ácidos grasos de cadena larga y estos son los que pasan a ser almacenados en el tejido adiposo independientemente de su carácter, aunque preferentemente los saturados más frecuentes en la dieta: palmítico (C16:0), esteárico (C18:0) y el menor de ellos; el mirístico (C14:0).

Por consiguiente, se puede inferir que el ingerir aceite de coco, más bien introducirlo de forma moderada en las comidas como un aceite más, podría redundar en mejoras para el sobrepeso, dado además por la tendencia a no almacenarse en el tejido adiposo sus ácidos grasos de cadena media, además del hecho que tienen menor poder energético, entre otros factores, de manera que por unidad de masa evolucionan menos calorías. Sin embargo, adicionar aceite de coco como suplemento, si se mantiene el mismo contenido calórico con otras grasas, no redundará en una disminución de peso, pues estas últimas se almacenarán y no se consumirán, incluso puede tener un efecto adverso al elevarse el consumo de energía calórica, por lo que lo ideal es la sustitución parcial, (mejor que total) de los demás aceites. Se prefiere optar por la parcial manteniendo niveles adecuados de grasas alto oleicas (aceite de oliva, girasol alto oleico, entre otros) como protección de las **ECV**, por la posible acción negativa del ácido mirístico y los demás ácidos grasos saturados de cadena larga contenidos en el aceite de coco, y la necesidad que la dieta sea variada y aporte la mayor cantidad posible de nutrientes, incluyendo los ácidos grasos esenciales poliinsaturados: linoleico y linolénico que no son sintetizados por el organismo y deben ser suministrados con la dieta.

Desde el punto de vista electroquímico, las largas cadenas hidrocarbonadas de los ácidos grasos se encuentran mas reducidas por lo que tienden a producir más energía por oxidación que las de los ácidos grasos de cadena media y corta.

Así por ejemplo, para el ácido palmítico:

Ácido palmítico: $CH_3(CH_2)_{14}COOH$: $C_{16}H_{32}O_2$, el número medio de oxidación para el carbono en la molécula es:

$$16C + 32 - 4 = 0, C = -(28/16) = -1,75$$

Mientras que para el **ácido caprílico**: $CH_3(CH_2)_6COOH$: $C_8H_{10}O_2$, el número medio de oxidación para el carbono en la molécula es:

$$8C + 14 - 4 = -(10/6); C = -1,66$$

De acuerdo con estos valores, un ácido graso saturado de cadena larga como el palmítico es: -1,75/-1,66 = 1,05 veces menos reductor que uno de cadena media como el caprílico.

También, además de los factores redox y los relacionados con la lipogénesis, no hay que olvidar que los **MCT**, sobre todo los de menor tamaño, son una fuente que favorece la formación de cuerpos cetónicos. Este mecanismo de producir cuerpos cetónicos está menos dado para los ácidos grasos de cadena larga, de manera que los primeros producen alrededor de cuatro veces más que los segundos y su gasto energético, si se consumen de forma moderada, es inmediato y en las horas siguientes de ser ingeridos.

Lo anterior está relacionado con que en el metabolismo de los **MCT** estos son transportados directamente al hígado desde el intestino a través de la vena porta, donde son oxidados a cuerpos cetónicos: acetoacetato (CH_3COCH_2COO) y D-β-hidroxibutirato ($CH_3CHOHCH_2COO$), mientras que los de mayor longitud pueden formar acetil-CoA y pasar a la cadena respiratoria y al ciclo de Krebs. Los cuerpos cetónicos pueden ir a otros tejidos, incluso al cerebro, para producir energía, proceso que por su menor tamaño y complejidad se desarrolla más rápido. También son más solubles en agua y en los fluidos que los transportan.

Por otra parte, los cuerpos cetónicos muestran cierta tendencia a crear un estado de saciedad y satisfacción, lo que posibilita un mejor control de la dieta para las personas con trastornos de sobrepeso.

No obstante lo anterior, los cálculos llevan a considerar que sería necesario consumir elevadas cantidades de ácidos grasos saturados de cadena media (**AGSCM**) para obtener disminuciones significativas de peso, con resultados complejos, dado que pueden actuar sobre otros indicadores, como los niveles de triglicéridos (**TAG**) y el colesterol (**COLt**) en su respuesta al tratamiento.

A pesar de esto último, desde hace algunos años se observa con atención el efecto de los **AGSCM** sobre la obesidad y el sobrepeso y los factores asociados; y como el aceite de coco es un producto natural que contiene elevadas concentraciones de estos ácidos, este está siendo objeto de atención por la comunidad internacional, y científica en particular (2).

Es necesario entonces valorar los resultados de las investigaciones realizadas en los últimos años en este campo, para extraer las conclusiones pertinentes, y qué mejor que comenzar haciendo referencia a los resultados publicados en 1993 sobre un famoso estudio poblacional de seguimiento, relacionado con los particulares hábitos alimentarios y estilo de vida de los habitantes de la isla de Kitava, archipiélago de Trobriand Island en el Océano Pacífico (Papua, Nueva Guinea) (3).

Los habitantes de esta isla, que mantenían (y se dice mantenían, porque la situación actual no debe ser la misma) un estilo de vida primitivo de subsistencia, basaban su alimentación en frutas, vegetales, incluyendo el coco, y el pescado. De manera que estos dos últimos eran su principal fuente de grasas. Allí se realizó el estudio con toda la población (1816 personas) y de acuerdo con los indicadores medidos, y las observaciones y relatos de sus habitantes se concluyó que: "El accidente cerebro vascular y la cardiopatía isquémica parecen estar ausentes en esta población", y también otros males relacionados con el estilo de vida moderno.

Por otra parte, se han realizado diferentes estudios experimentales en animales, principalmente en ratas, sobre la relación entre la obesidad y los **MCT**, entre ellos, el publicado en 1980 por G. Bray y colaboradores: *Weight gain of rats fed medium-chain triglycerides is less than rats fed long-chain triglycerides* (4). En él, compararon el incremento de peso en ratas alimentadas con aceite de maíz (rico en ácidos grasos poliinsaturados) y **MCT** para valorar la ruta metabólica de ambos, y los efectos que podían causar, ya que en uno circulan como quilomicrones y en el otro una proporción de ellos van directamente al hígado por circulación portal, encontrando que hubo un mayor incremento de peso con el de las dietas ricas en aceite de maíz que con las de alto contenido en **MCT**. También la ingesta calórica lo fue mayor en este. En resumen, concluyeron que: "...la ruta por la cual los nutrientes son absorbidos desempeña un papel en la regulación del almacenamiento de grasa corporal."

Más adelante, y para determinar el efecto de una sobrealimentación de **MCT** en ratas, comparada con dietas ricas en triacilglicéridos de cadena larga (**LCT**), A. Geliebter y colaboradores (5) publicaron en 1983 los resultados de un experimento en el que ambos tipos de grasas fueron administrados para que cubrieran el 45 % del gasto total de energía. Los resultados obtenidos fueron los esperados: las ratas alimentadas con **MCT** aumentaron un 20 % menos de peso y mostraban depósitos de grasa que pesaban menos de un 23 %; también el tamaño medio de los adipositos fue menor que en las que se emplearon ácidos grasos de cadena larga, con lo que se infiere que los **MCT** tal vez podrían ser adecuados para disminuir la obesidad en humanos.

En 1987 se publicaron los resultados de experimentos muy completos sobre indicadores metabólicos asociados con dietas **MCT** y **LCT** en presencia o no de carbohidratos (6). En ellos se encontró que las ratas alimentadas con mayor contenido de **MCT** tuvieron un incremento menor del 30 % en peso, que las otras, objeto de comparación, así como también lo fue la retención energética, lo que llevó a una disminución del 60 % de lípidos diarios de ingesta. Las concentraciones séricas de cuerpos cetónicos resultaron mayores en la dieta enriquecida con **MCT**, pero fueron disminuyendo a lo largo del experimento hasta al final ser la mitad de la obtenida en la etapa inicial, lo que podría deberse a una adaptación metabólica de las ratas a una dieta rica en **MCT**. Durante el estudio se midieron otros indicadores de interés como la relación DBH/Acetoacetato, lactato/piruvato, la actividad de la enzima málica en el hígado, entre otros.

También el carácter estructural de los triacilglicéridos de cadena media y su efecto sobre la grasa corporal en ratas fueron medidos en comparación con los triacilglicéridos normales de cadena larga, en un estudio experimental llevado a cabo en 2004 (*Effects of structured medium- and long-chain triacylglycerols in diets with various levels of fat on body fat accumulation in rats*). (7), al final del cual se comprobó que los contenidos de grasa de los tejidos intraabdominales y de la canal de las ratas alimentadas con los primeros aceites fueron menores que en las ratas alimentadas con los segundos, por lo que se concluye que los **MCT** estructurados son menos efectivos que los **LCT** para la acumulación de grasa en el tejido adiposo y por consiguiente tienden a no favorecer la obesidad.

Para determinar el efecto diferenciado de la termogénesis entre **MCT** y **LCT**, en 2002 científicos japoneses (8) calcularon el consumo de oxígeno por ratas alimentadas con ambos tipos de aceites y sus resultados - de mucho interés por cierto - demostraron que este era mayor en las ratas alimentadas con **MCT**, así como que el contenido de grasa abdominal era menor que en las alimentadas con **LCT**. Medido en términos calóricos, las ratas alimentadas con **MCT** disminuyeron 0,94 g, equivalente a 0,27 kcal/g de grasa más que con los **LCT**.

En el plano humano hay referencias de 2009 sobre un estudio a doble ciego con 40 mujeres de entre 20 y 40 años caracterizadas por presentar obesidad abdominal, a las que se les suministró 30 ml de aceite de coco, o de soya, de forma indistinta, durante doce semanas, bajo una dieta hipocalórica equilibrada acompañada de cierta actividad física (9). Los resultados obtenidos mostraron que en el grupo con aceite de coco se incrementó más las **LDL** que en el de soja (muy rico en ácidos grasos poliinsaturados (**AGPI**), pero no de forma significativa, por lo que se obtuvo una menor relación **LDL/HDL**; y aunque hubo disminuciones en el diámetro abdominal en ambos grupos, en el de aceite de coco este fue más significativo, lo que llevó a la conclusión que el aceite de coco no produjo hiperlipidemia significativa, pero sí contribuyó al descenso de la obesidad abdominal.

Un interesante estudio antropométrico que relaciona el efecto de diferentes aceites vegetales sobre la obesidad, fue efectuado recientemente en Brasil (10), en él, se comparó la acción de los aceites de coco, chía, cártamo y soja sobre este trastorno; y se halló que: "El aceite de coco tuvo un efecto más pronunciado sobre la adiposidad abdominal y el perfil glicídico, mientras que el aceite de chía tuvo un mayor efecto sobre la mejora del perfil lipídico. De hecho, la suplementación con diferentes composiciones de ácidos grasos dio lugar a respuestas específicas"

Una interesante evidencia de los efectos diferenciados de dietas ricas en **MCT** frente a otras con **LCT**, se dedujo de un experimento llevado a cabo en 2003 para comparar el efecto de ambas durante un estudio de 27 días en mujeres con sobrepeso (11). Las dietas en cuestión contenían un 40 % de energía en forma de grasas; las **MCT** como un preparado compuesto a partes muy similares de octanoato (cáprico) y decanoato (caprílico), y las **LCT** como sebo de vacuno. Las medidas de composición corporal se hicieron mediante técnicas de resonancia magnética nuclear. Al final se pudo comprobar que el consumo a largo plazo de **MCT** mejoró la **EE** (eficiencia energética) y la oxidación de la grasa en las mujeres obesas sometidas a estudio, en comparación con el grupo que consumió **LCT**. La diferencia en el cambio de composición corporal entre el consumo de **MCT** y **LCT**, aunque no fue estadísticamente significativo, fue consistente con las diferencias predichas por los cambios en la **EE**. Se puede concluir de este estudio que la sustitución de **LCT** por **MCT** en una dieta de equilibrio energético puede prevenir el aumento de peso a largo plazo a través de una mayor eficiencia energética.

En 2016 se publicó un meta análisis aleatorio sobre ensayos realizados para medir los efectos comparados de las **LCT** y **MCT** sobre los indicadores de sobrepeso, encontrándose que: "El reemplazo de las **LCT** por **MCT** en la dieta podría potencialmente inducir reducciones modestas en el peso corporal, sin afectar negativamente los perfiles lipídicos. Sin embargo, se requiere de ensayos experimentales adicionales por parte de grupos de investigación independientes, para que realicen estudios más amplios y bien diseñados para confirmar la eficacia de los **MCT** y determinar la dosis necesaria para el manejo de un peso corporal y una composición saludable" (12). En lo que respecta a los lípidos plasmáticos no se encontraron diferencias significativas.

En años anteriores (2010) se había investigado el efecto de la longitud de cadena de los ácidos grasos, postprandial e ingesta de alimentos en hombres delgados para comprobar si los triglicéridos de cadena media (**MCT**) mostraban una mayor disminución del apetito, dada su mayor cinética de oxidación acompañada de una lipemia atenuada. Como dieta con alto contenido de **MCT** se utilizó el aceite de coco, y para los **LCT** el sebo como grasa. Los indicadores medidos, incluyendo la percepción de lo agradable, el aspecto visual, el olor, el sabor, el gusto y la palatabilidad, no mostraron diferencias significativas entre ambos grupos, por lo que: "Como conclusión, no se hallaron pruebas sobre que la longitud de la cadena de ácidos grasos tenga un efecto sobre las medidas del apetito y la ingesta de alimentos cuando se evalúa después de una sola comida de prueba alta en grasa, en personas delgadas" (13).

Con respecto a la saciedad, un indicador que puede desempeñar un papel importante sobre la ingesta de alimentos, se hicieron ensayos comparativos entre aceites ricos en **MCT**, y otros con ácido linoleico conjugado (C18:2) en cerca de una veintena de adultos sanos. Se midió el tiempo entre comidas así como la saciedad de las escalas analógicas visuales; y los resultados mostraron que ambos aceites producían este efecto en diferentes comidas, sin que hubiese diferencias significativas entre ambos, que aumentaron la saciedad y disminuyeron la ingesta de energía (14).

Como en los últimos años ha tomado relevancia el empleo del aceite de coco con diferentes fines funcionales y estos tienen unas alta concentración de **MCT**, podría ser interesante comparar el efecto del mismo con el de grasas muy ricas en **MCT** en el aumento de la saciedad, lo que se traduce en la práctica en menor ingesta de alimentos, y por consiguiente, disminuir la obesidad. Para esto se realizaron ensayos en humanos cuyos resultados indican que los **MCT** aumentaron significativamente más ésta que el aceite de coco, con lo cual las personas consumieron menos alimentos; aunque el aceite de coco mostró mejores resultados que el grupo control (15). De tal manera, se comprueba que la sustitución de los **MCT** por aceite de coco para causar saciedad y disminuir la ingesta alimenticia no es completamente factible, aunque este muestra incidencia sobre la saciedad. Realmente no es comparativo su uso en este sentido, atendiendo a que en los preparados ricos en **MCT** hay mayor concentración de estos y generalmente de menor longitud de cadena (C6:0, C8:0, etc.) no como en el aceite de coco donde predomina el ácido láurico (C12:0) de longitud de cadena hidrocarbonada mayor.

Valorados los resultados de las investigaciones anteriores en relación al efecto del aceite de coco y los **MCT** sobre el sobrepeso, la obesidad y sus factores asociados, hay suficientes evidencias de que estos inciden favorablemente en la pérdida de peso, pero el nivel de su contribución al parecer no resulta en modo práctico suficiente para alcanzar los niveles de peso adecuados por las personas que poseen sobrepeso, al menos de manera inmediata. No obstante, contribuyen en cierta medida a su disminución, resultando mucho más efectivos, como era de esperar, los preparados de **MCT**, que el aceite de coco natural. Esto no excluye el uso de este aceite por las personas siempre y cuando sustituyan otras grasas de cadena larga en la misma cuantía energética de la contribución de las mismas, y con niveles de acuerdo con las posibilidades del organismo, por lo que sería recomendable atenerse a los consejos de su médico.

El aceite de coco y los **MCT** por si solos no pueden solucionar el problema del sobrepeso y la obesidad por la multiplicidad de factores que influyen en estos, no son un milagro como se hubiese deseado, aunque resultan mejores que sus congéneres de cadena larga que son los que comúnmente consume la población y contribuyen en algo a la disminución de esta incómoda y perjudicial afección que incide cada vez más sobre una alta porción de la sociedad humana en los países desarrollados y en vías de desarrollo. Por todo lo anterior su inclusión como aceite de cocina y para ensaladas parece más que recomendable, aunque preferiblemente conjugados con otros aceites de alto contenido en ácidos grasos insaturados.

Es de señalar, por último, que las propiedades fisicoquímicas del aceite de coco como las temperaturas de ebullición, humo e ignición, etc. lo hacen muy superior que los demás aceites de cocina para freír, con excepción al del fruto del de palma africana no aconsejado para la cocina por sus altos niveles de ácidos grasos saturados de cadena larga. También, que el peligro de formación de radicales libres es mucho menor que el de los aceites vegetales tradicionales, con los problemas que estos acarrean para el organismo humano. No obstante, el freír es una de las operaciones que menos se debe recomendar en el arte de cocinar alimentos para cualquier tipo de personas: con sobrepeso o sin él, pero de hacerse, el aceite de coco es muy superior y eficaz que el de soja, girasol, maíz, canola, e incluso oliva y por supuesto, menos peligroso para la salud en lo que respecta a la hidrólisis, oxidación y formación de radicales libres.

REFERENCIAS:

(1) El Comercio, Perú. (2018). *¿Cuál es el país con mayor índice de obesidad?* Redacción EC 08.04.2018.

(2) Sayazo-Ayerdi, S., et al. (2008). *Utilidad y controversias del consumo de ácidos grasos de cadena media sobre el metabolismo lipoproteico y obesidad.* Nutr. Hosp. 2008;23(3):191-202

(3) Lindeberg. S. and B. Lundh. (1993). *Apparent absence of stroke and ischaemic heart disease in a traditional Melanesian island: a clinical study in Kitava.* J Intern Med. 1993 Mar; 233(3):269-75.

(4) Bray, G, M. Lee and T. Bray. (1980). *Weight gain of rats fed medium-chain triglycerides is less than rats fed long-chain triglycerides.* Int J Obes. 1980;4(1):27-32.

(5) Geliebter A., et al. (1983). *Overfeeding with medium-chain triglyceride diet results in diminished deposition of fat.* American Journal of Clinical Nutrition 37(1):1- 4. February 1983.

(6) Gayle Crozier, et al. (1987). *Metabolic effects induced by long-term feeding of medium-chain triglycerides in the rat.* Metabolism Volume 36, Issue 8, August 1987, Pages 807-814

(7) Tatsuhiro Matsuo and Hiroyuki Takeuchi (2004). *Effects of structured medium- and long-chain triacylglycerols in diets with various levels of fat on body fat accumulation in rats.* British journal of nutrition Volume 91, Issue 2 February 2004 , pp. 219-225

(8) Osamu Nogushi, et al. (2002). *Diet-Induced Thermogenesis and Less Body Fat Accumulation in Rats Fed Medium-Chain Triacylglycerols than in Those Fed Long-Chain* Triacylglycerols. J Nutr Sci Vitaminol, 48, 524-529, 2002.

(9) Assunção M. et al. (2009) *Effects of dietary coconut oil on the biochemical and anthropometric profiles of women presenting abdominal obesity. Lipids.* 2009 Jul; 44(7):593-601.

(10) Oliveira-de-Lira L. et al. (2018). *Supplementation-Dependent Effects of Vegetable Oils with Varying Fatty Acid Compositions on Anthropometric and Biochemical Parameters in Obese Women.* Nutrients. 2018 Jul 20;10(7). pii: E932.

(11) St-Onge M., et al. (2003). *Medium- versus long-chain triglycerides for 27 days increases fat oxidation and energy expenditure without resulting in changes in body composition in overweight women.* Int J Obes Relat Metab Disord. 2003 Jan; 27(1):95-102.

(12) Poppittab S., et al. (2010). Fatty acid chain length, postprandial satiety and food intake in lean men. Physiol Behav. 2010 Aug 4;101(1):161-7.

(13) Mummet, K. and W Stonehouse. (2015). *Effects of Medium-Chain Triglycerides on Weight Loss and Body Composition: A Meta-Analysis of Randomized Controlled Trials.* Journal of the Academy of Nutrition and Dietetics. Volume 115, Issue 2 February 2015, Pages 249-263.

(14) Coleman H, P. Quinn and M. Clegg. (2016). *Medium-chain triglycerides and conjugated linoleic*

acids in beverage form increase satiety and reduce food intake in humans. Nutr Res. 2016 Jun;36(6):526-33.

(15) Kinsella R., T. Maher and M.Clegg. (2017) *Coconut oil has less satiating properties than medium chain triglyceride oil.* Physiology & Behavior Volume 179, 1 October 2017, Pages 422-426.

CAPÍTULO VI

Aceite de coco en la dieta

No se han encontrado hasta el presente estudios dietéticos sistemáticos bien fundamentados centrados en el aceite de coco y su efecto nutricional y funcional, solo exposiciones de casos aislados con el empleo básico de este aceite, o alguna corta lista de recetarios con más fundamentos de cocina que metabólicos, también sobre comunidades indígenas en perfecto estado de salud que consumían cantidades apreciables de este aceite y el coco como fruto. Visto esto, habrá que basarse básicamente en los estudios y evidencias científicas encontradas relacionadas con los pro y los contra del empleo de este aceite y de otros aceites vegetales, por lo que se hará necesario aventurarse a dar algunos criterios sobre su uso, aunque no avalados por suficientes datos experimentales, por lo que dejamos al lector la elección o no de los mismos en espera de nuevos avances en este campo.

En primer lugar se quiere dejar claro lo de siempre: que en esencia, **el aceite de coco es un aceite vegetal con un particular perfil lipídico rico en triacilglicéridos de cadena media (MCT) y que por consiguiente su uso debe ir en esa dirección**. De esta manera, todo lo que tenga que ver con la necesidad de este tipo de compuestos por el organismo puede incentivar su uso, y de manera contraria, todo lo que tenga que ver con riesgos aterogénicos derivados del grado de saturación de sus ácidos, sobre todo los de cadena hidrocarbonada mayor, deben indicar su no empleo, o su uso con moderación, dependiendo de las condiciones de salud del individuo, hasta tanto no surjan nuevas evidencias que contradigan lo anterior, o que se reúnan suficientes pruebas concluyentes al respecto.

De acuerdo con lo anterior, el aceite de coco puede incluirse en la dieta bien como complemento, o en sustitución de otros aceites vegetales que se emplean para cocinar. En el primero de los casos su uso puede estar justificado por necesidades de cuerpos cetónicos para alguna actividad del organismo en concreto, y en el segundo para incluir triacilglicéridos de cadena media en la dieta, por lo que más que emplearlo como aceite único de cocina, es más recomendable utilizarlo en complemento con otros que suministren ácidos grasas mono y poliinsaturados, los cuales se encuentran en alta carencia en el aceite de coco, con lo que se logra un suministro integral de ácidos grasos, bien acogido por el metabolismo humano.

Centrando la atención en el primero de los casos, es

decir, el empleo del aceite de coco como complemento alimenticio, es necesario destacar que esto debe hacerse si se está seguro de que los componentes lipídicos de este aceite se van a consumir por el organismo y no van a contribuir al incremento del almacenamiento de grasa en los adipositos, aunque la mayor parte de los **MCT** se emplea por el organismo de forma inmediata dada la mayor simplicidad de las estructuras de sus componentes de cadena menor, que el de otros aceites vegetales comunes.

Si se van a realizar actividades físicas intensas posteriores al consumo de aceite de coco, quizás puede ser factible su suplemento directamente como aceite, o mezclado con otros productos: café, café con leche, etc. como han recomendado algunas personas, pero aún sin evidencias o estudios experimentales que respalden su empleo de esta manera. En todo caso su uso no debe exceder los 50 ml durante el día. Es necesario recordar que unido a bebidas frías este aceite tiende a solidificarse y por consiguiente hacerse de menor gusto dado los grumos de grasa que sobrenadan los alimentos así mezclados. Esta demás decir, que a temperaturas por debajo de los 26 ^{0}C (78,8 $^\circ$F) y antes, dependiendo de su composición, este aceite permanece en estado sólido o tiende a solidificarse.

El suplemento energético cuantitativo en forma de lípidos del aceite de coco es similar al de otros aceites vegetales, solo que este se asimila de forma más dinámica atendiendo a que una gran parte de sus componentes poseen un menor tamaño y complejidad molecular, y son más solubles en agua. Una vez ingerido, estos tienden a metabolizarse de forma rápida y a formar cuerpos cetónicos, aunque no todos sus componentes lo harán con la misma dinámica: primero los **MCT** de menor dimensión correspondientes a los ácidos caprílico (C8:0) y cáprico (C10:0), después los que contienen ácido láurico (C12:0) esterificado, y así sucesivamente con todos los demás por el metabolismo normal de los lípidos. De manera que cerca de las 2/3 partes del aceite se metabolizarán rápidamente correspondientes a los **MCT** y la otra tercera parte de lípidos comunes lo harán de forma más lenta siguiendo las rutas metabólicas convencionales.

Hay un aspecto muy interesante en lo que respecta a las rutas metabólicas que siguen los triacilglicéridos de ácidos grasos de cadena media, atendiendo a su mayor polaridad, y por supuesto solubilidad en agua, y es el referente a que los de menor cadena al pasar directamente desde el intestino hasta el hígado no precisan de las secreciones tensioactivas de la vesícula biliar, o lo que es lo mismo, el uso de la bilis para ser transportados como formaciones coloidales, por lo que las personas que presentan alguna anomalía en este sentido, o se le ha extirpado este órgano, precisan de menores medidas adicionales para metabolizar este tipo de grasas y es de suponer que deben sufrir en menor medida los trastornos ocasionados por esta deficiencia, al tener el hígado que suplir el rol de la vesícula biliar.

Esta demás decir, que los aceites vegetales en su estado puro no son la única forma de grasas que ingiere el organismo, también recibe otras que vienen acompañando los alimentos, bien como componentes lipídicos en carnes, leche, embutidos, mantequilla, margarina, o acompañando a dulces y confituras, o alimentos fritos y prefritos, entre otros. Todos estos componentes lipídicos se metabolizarán en el organismo siguiendo cierto orden de complejidad, y si las necesidades de este son menores que el contenido energético que se consume, una parte será almacenada en el tejido adiposo contribuyendo al sobrepeso y la obesidad. Por esto es menester tener cuidado con los suplementos lipídicos, aunque sea el propio aceite de coco, pues lejos de solucionar un problema pueden originarse otros. Claro está, que esta es la forma más sencilla de ingerir este aceite con sus beneficiosos **MCT**.

Una forma más moderada es emplear el coco crudo rallado, o de cualquier otra forma natural, en cuyo caso el volumen de este producto puede duplicarse y sí resulta factible su uso en frío con lo que se adicionan además productos naturales propios del coco, como antioxidantes, vitaminas y minerales entre otros, también puede constituir un suplemento de fibra que de be srs bien asimilado por el organismo para mejorar la digestión. En este sentido, la mezcla de 2 o 3 cucharaditas con el yogur, leche fría o con zumos de frutas puede resultar en un alimento muy sano y nutritivito, de agradable sabor y ser bien asimilado por el organismo. Según los datos de composición, más del 50 % del contenido de la masa de coco es materia grasa, por lo que no deben excederse las cantidades. La masa de coco ocupa un volumen menor que el rayado y puede consumirse fácilmente como tal; en el caso del coco rayado el volumen de este es muy significativo y su peso específico menor.

Es necesario destacar que el emplear el aceite de coco como suplemento conlleva además, a que se suministre al organismo un 25 % de triacilglicéridos de ácidos grasos saturados considerados no benignos, como el mirístico (18 %) y el palmítico (7 %), sobre todo el primero presente en mayor cantidad y donde hay evidencias experimentales de que eleva los niveles de lipoproteínas de baja densidad (**LDL**) y el colesterol total (**COLt**). De todas maneras los **MCT**, como también hay evidencias, tienden a contrarrestar el efecto de los anteriores al elevarse notablemente los niveles de lipoproteínas de alta densidad (**HDL**), consideradas beneficiosas para la salud.

Un caso más razonable puede ser el de sustituir una parte del consumo de aceite u otras grasas vegetales o animales, por aceite de coco, con lo que se consigue un mejor balance lipídico al incluir variados tipos de ácidos grasos que son necesarios para el organismo. También podría ensayarse la preparación de mezclas con aceites ricos en ácidos grasos insaturados como el de girasol, girasol alto oleico u oliva para mejorar el perfil lipídico de este aceite. Estas mezclas mejoran las propiedades fisicoquímicas de los productos originales y permiten el empleo del aceite de coco en forma líquida, muy por debajo de su temperatura de fusión, lo que resulta muy importante en el sector gastronómico y doméstico y de forma más específica para su uso en ensaladas. El que más contribuye a la disminución de esta temperatura es el de girasol, a la vez que la densidad y otras propiedades fisicoquímicas útiles de empleo de este aceite en la preparación de alimentos se ven también mejoradas, tales como el índice de yodo, la temperatura de humo, de ebullición, inflamación así como su estabilidad al enranciamiento y la oxidación. Iguales resultados pueden obtenerse con el aceite de maíz u otros aceites semejantes del tipo linoleico.

Lo más importante de estas combinaciones es que permiten que el organismo reciba una proporción adecuada de todos los ingredientes básicos lipídicos como: **MCT**, y triacliglicéridos de ácidos grasos monoinsaturados y poliinsaturados como el oleico y el linoleico, respectivamente. Sin embargo, para freír es preferible emplear el aceite de coco solo o mezclado con alto oleicos con resultados prácticos sorprendentes. Una mezcla en este caso con girasol no sería lo más recomendada por la elevada proporción de ácido linoleico que este contiene (alrededor del 50 %), salvo que no se reutilizara de nuevo el aceite o al menos se repitiese el proceso muy pocas veces, en resumen que no esté mucho tiempo bajo calentamiento o expuesto al aire y la humedad por tiempo prolongado.

Lo anterior se debe a la marcada tendencia de los aceites con alta composición de ácidos grasos poliinsaturados a oxidarse y formar radicales libres en presencia de agua, oxígeno y calor, factores presentes en las frituras. Esto, sin embargo no se tiene en cuenta con frecuencia y se fríe reiteradamente con aceite de girasol, soja, maíz, etc. a lo que se exponen constantemente las personas, sobre todo cuando consumen alimentos en restaurantes y comedores donde no se tengan en consideración estos indicadores, o son aficionados a las confituras y alimentos fritos, prefritos, elaborados y preelaborados.

Los daños que ocasionan los radicales libres y compuestos asociados como peróxidos y superóxidos no se perciben de inmediato, pero están latentes y actúan lenta pero inexorablemente en el metabolismo celular, y lo más peligroso: pueden incidir en las malformaciones de las células y la posible aparición posterior de tumores malignos, lo que puede manifestarse años después de estos sucesos, máxime si se reiteran sistemáticamente.

Como se ha expresado, el aceite de coco es una magnífica grasa para freír por su elevadísima proporción de ácidos grasos saturados (superior al 90 %) y porque la mayor parte de los mismos son de cadena media, lo que hace que en este sentido no tenga igual desde el punto de vista gastronómico. Es necesario destacar, sin embargo, que el aceite de coco tiene un gusto y sabor característico, que aunque para muchos puede resultar agradable, para otros no, y este permanece después de la mezcla con otros aceites, hasta con los que se caracterizan por mostrar sabores intensos como el de oliva, y en el caso de otros aceites de muy intenso sabor como el de cacahuete, este puede superarlo, pero queda el hecho que sería una mezcla de aceites con fuerte e intenso sabor, agradable para el que le guste, pero para otros no.

Las mezclas de aceite de coco con el de girasol pueden ser de gran utilidad para las ensaladas, sobre todo en países de clima frío y templado en que este aceite permanece la mayor parte del tiempo en estado sólido, o es necesario usarlo para este fin en forma de emulsiones, lo que dificulta su empleo y puede disminuir su efecto nutritivo, al ser necesaria la inclusión de nuevos ingredientes como componentes de las emulsiones. El uso del aceite de coco mezclado con el de girasol para ensaladas puede realizarse en proporciones de una o dos veces y hasta más de girasol por cada parte del de coco, teniendo en cuenta, además, que el empleo del aceite de girasol en frío es muy saludable para evitar el daño aterosclerótico.

Como se expresaba, las mezclas de aceite de coco con el de oliva no disminuyen tanto la temperatura de fusión de este aceite como lo hace el de girasol, aunque también pueden utilizarse, y queda un sabor intermedio entre ambos, pero prevalece el de coco, al menos en concentraciones igualitarias. De aumentarse las proporciones de aceite de oliva, el gusto, sabor y olor de este último irá prevaleciendo hasta lograr que el de coco se haga imperceptible. Claro, con esto se incrementa el efecto de los triacilglicéridos de ácidos grasos monoinsaturados como el oleico (C16:1) y disminuye el de los triacilglicéridos de cadena media como los del láurico (C12:0), cáprico (C10:0) y caprílico (C8:0).

Las especias, por su intenso sabor y olor pueden atenuar notablemente el sabor del aceite de coco y de ellas el ajo, cuando se prepara el arroz lo encubre prácticamente de forma total en el llamado "arroz al ajillo". Es interesante el desarrollo de este tipo de ensayos a escala de cocina, siempre y cuando se esté seguro que ninguno de los componentes, o la mezcla resultante, pueda causar algún tipo de alergia, intoxicación, daño estomacal o metabólico, etc.

Aunque el aceite de lino podría disminuir mucho más la temperatura de fusión en su mezcla con el de coco, que el aceite de girasol, no es de considerar recomendar su empleo en este sentido pues es extraordinariamente lábil al calentamiento, convirtiéndose en un poderoso agente productor de radicales libres por la alta concentración en su composición de ácido linolénico (C18:3), que es uno de los ácidos grasos que tiende con mayor dinamismo a la polimerización, cuestión muy bien conocida por los pintores y carpinteros que usan el aceite de linaza para barnizar, o como componente de los mismos, una vez que este haya sido sometido durante horas al calentamiento, o se expenda después de realizado un proceso semejante de aceleración por otras vías. De hecho, lo que facilita el empleo del aceite de lino, o linaza como lo llaman, como recubrimiento es lo que afecta su empleo en cocina por su fácil, rápida y peligrosa polimerización al ser fuente de peróxidos, superóxidos y radicales libres, dada su marcada poliinsaturación

En las combinaciones de aceites no se ha hecho referencia al aceite de canola, por la presencia de ácido erúcico remanente en este aceite que en el mejor de los casos su concentración puede estar entre el 2-5 %. También el aceite de algodón de algodón puede contener un pequeño remanente de gossipol, sustancia considerada tóxica para el organismo. Otro aceite vegetal como el de maní (cacahuete), si no ha sido bien refinado puede contener determinadas proporciones de alérgenos perjudiciales para la salud. De todas maneras más adelante tendrá que hacerse referencia a algunos de estos aceites atendiendo a otras cualidades que poseen.

Como el aceite de coco resulta un producto relativamente costoso en los países de clima frío y templado, dado que se produce en las zonas tropicales del planeta, su empleo para freír, unido a los aceites alto oleicos como el de oliva, girasol y el de maíz alto oleicos, puede ser adecuada con lo que se incorpora a los productos fritos el ácido oleico contenido en gran cantidad en estos aceites de reconocida acción protectora de las enfermedades cardiovasculares (**ECV**).

De todas maneras, es recomendable freír o recalentar los aceites lo menos posible, independientemente de su naturaleza, y mucho menos los que contienen cantidades apreciables de ácidos grasos poliinsaturados en su composición: linoleico (C18:2), linolénico (C18:3), etc. Es necesario recordar que los procesos de oxidación pueden estar presentes en todas las grasas y el aceite de coco no es una excepción, aunque es mucho más resistente a este efecto que la mayor parte de los aceites vegetales.

Una forma más rápida y enérgica de emplear los constituyentes funcionales del aceite de coco es mediante el uso de los **MCT** como fármacos, en múltiples formularios donde prevalecen en la composición los triacilglicéridos de los ácidos grasos caprílico (C8:0) y cáprico (C10:0). Se considera en estas formulaciones que el primero de ellos es el que mayor efecto produce sobre el metabolismo, por lo que las composiciones generalmente poseen una proporción que favorece al primero, pero con esto nos alejaríamos del contenido del tema, que se centra específicamente en el uso del aceite de coco de forma natural como componente o suplemento alimenticio y nutricional.

Es interesante señalar que emplear formulaciones enriquecidas con fracciones menores de ácidos grasos de cadena corta: caproíco (C6:0) caprílico (C8:0) y cáprico (C10:0), afecta mucho las cualidades organolépticas de los aceites, sobre todo el gusto y el sabor, aunque se han hecho intentos de incluir ácidos grasos de cadena larga, preferentemente en la estructura de los triacilglicéridos mediante reacciones de transesterificación y reestructuración.

Hay efectos colaterales positivos que puede tener el aceite de coco sobre el organismo, pero más bien relacionados con su acción bactericida y fungicida, principalmente en el intestino, y está relacionado con microorganismos patógenos que puedan afectar el sistema digestivo como la levadura *Candida albicans*, que es sensible a este aceite por su alta composición de ácidos grasos de reconocida acción antimicrobiana y antifúngica, como los de cadena media y el propio mirístico (C14:0). De todas formas, la acción de este aceite no puede compararse con la de los fármacos indicados para el tratamiento de patologías relacionadas con estos microorganismos, por lo que no sería conveniente sustituir cualquier tratamiento convencional indicado por los clínicos.

Otro aspecto a tener presente con el empleo del aceite de coco es que no se ha determinado mediante estudios de dosis cuáles serán las más favorables para que su acción funcional se realice de manera apreciable, con lo que cualquier suministro en exceso - aunque no se han reportado casos - podría alterar el efecto deseado, sobre todo con la obesidad en que cualquier exceso puede tener un efecto contrario, y lejos de contribuir a disminuirse el peso corporal puede tender a elevarse, aunque esto esté condicionado, no por los componentes propios del aceite de coco, sino por los de otras grasas con mayor disponibilidad a almacenarse.

En el caso de las personas con índices de colesterol elevado, o con trastornos metabólicos relacionados, no sería recomendable en la actualidad el empleo de aceite de coco, porque las investigaciones en este campo distan mucho de ser concluyentes y la mayor parte de ellas indican un incremento del colesterol total, aunque atenuado por un mayor incremento de las **HDL** que las **LDL**.

Aparte de lo anterior, y como conclusión, dado que el aceite de coco es un alimento saludable según las organizaciones internacionales de salud, como la **FDA** de los Estados Unidos, el consumir aceite de coco de forma racional y con moderación puede contribuir a tener en circulación en el organismo determinada cantidad de cuerpos cetónicos (acetoacetato y D-β-hidroxibutirato) que pueden ser metabolizados por células que les resulta difícil hacerlo con la glucosa, atenuándose así el daño o muerte celular en lugares altamente sensibles como el cerebro.

Esta demás decir que lo expuesto hasta ahora no contribuye al criterio de considerar el aceite de coco como un fármaco, sino como un alimento funcional natural, cuya ingestión no puede tener la alta intensidad de un medicamento en particular, pero que sí puede hacer una contribución favorable a la nutrición y salud del organismo, si su consumo se hace de forma adecuada y responsable.

Se considera que el consumir un solo aceite vegetal en particular, sea el de coco, el de oliva, o cualquier otro, no pueda resolver las cantidades necesarias de los diferentes tipos de ácidos grasos que necesita el organismo para su adecuado funcionamiento: saturados, monoinsaturados y poliinsaturados (esenciales) a los que se podría sumar de acuerdo a la información manejada en este estudio, los saturados de cadena media, por lo que el empleo de varios tipos de aceites de forma racional en la alimentación, puede mejorar la calidad de la dieta y hacerla más integral y nutritiva, con efectos favorables para el bienestar y la salud del cuerpo humano.

Se considera que en una dieta adecuada los lípidos deban aportar como mínimo un 30 % del contenido total energético que necesita el organismo y que este debe estar balanceado entre los diferentes tipos de ácidos grasos que integran los triacilglicéridos de la siguiente manera:

10 % saturados
10 % monoinsaturados
10-15 % poliinsaturados en la relación linoleico/linolénico 5/1 a 10/1.

Esto refuerza la tesis sobre el empleo de más de un tipo de grasas en la alimentación, pues ningún aceite, incluyendo el altamente valorado aceite de oliva, puede llegar a realizar este aporte tan balanceado, por cuanto en él predominan los ácidos monoinsaturados pero hay carencia cuantitativa de otros tipos.

Está demás decir que si es menester suministar al organismo ácidos grasos saturados, la mejor forma es en aceites que tengan también determinado contenido de **MCT** como el de coco, que serán mucho más fáciles de metabolizar, sobre todo los de menor cadena hidrocarbonada: caprílico y cáprico pues pasarán del intestino delgado directamente a la vena porta y de ahí al hígado para producir cuerpos cetónicos en una cantidad moderada, muy útiles para las funciones metabólicas de la célula al oxidarse más fácil que la glucosa ante dificultades de la insulina para realizar este proceso.

Aunque el emplear un variado tipo de grasas pueda parecer algo complicado, esto no es así, por cuanto se está acostumbrado a utilizar diferentes tipos de alimentos de naturaleza muy variada y el proceso en la práctica no resulta nada engorroso, al contrario, posibilita un suministro más integral de nutrientes útiles para el buen funcionamiento del organismo.

Hasta ahora, sin embargo, había quedado excluido de los análisis de aceites realizados, el referido al suministro de **ácido linolénico (C18:3)** un ácido graso poliinsaturado esencial, que no puede ser sintetizado por el organismo, aunque sus necesidades son mucho más limitadas que otros ácidos grasos, incluso que con el que más está relacionado: el linoleico (C18:0) cuyas necesidades se encuentran en el orden de 5 a 10 veces mayor.

¿Pero qué grasas o aceites vegetales pueden proporcionar ácido linolénico?

La respuesta no es tan compleja, en el orden de las grasas de origen animal las provenientes de pescados son ricas en este tipo de ácidos omega 3: caballas, arenque, sardinas, salmón, etc. y entre los alimentos vegetales: la soja y las semillas de chía también lo contienen, así como existen otras fuentes con menor contenido.

En el caso de los aceites vegetales el que mayor contenido de ácido linolénico presenta es el de lino, al que debe su nombre, en una proporción muy elevada, del orden del 50 %, pero este se encuentra entre los llamados aceites especiales y no es común su empleo en gastronomía, tal como se valoró anteriormente, pero para las pequeñas proporciones que necesita el organismo de este ácido, los aceites vegetales de soja y canola, con un contenido del 7 y el 10 % de ácido linolénico, respectivamente, lo pueden suministrar en la cuantía adecuada, por lo que de vez en cuando es conveniente su empleo en cocina, aunque el de soja no para freír, por su alto contenido de ácido linoleico, mayor del 50 %, por lo que esta combinación de componentes poliinsaturados en el aceite de soja acelera la oxidación de tal manera que su empleo en frituras no es nada recomendable. Incluso, este aceite a veces viene combinado con otros aceites como el de algodón y maíz para atenuar este efecto.

Resulta común el empleo en la industria alimenticia de una combinación de aceite de algodón, en el orden de un 10 % con aceite de soja, para mejorar sus cualidades organolépticas y plásticas, incluso para elaborar productos fritos como los chips de plátanos, entre otros, proporcionándoles un mejor sabor, durabilidad y estabilidad al enranciamiento. El aceite de algodón empleado como matriz para la combinación con otros aceites vegetales eleva sus cualidades fisicoquímicas, sobre todo las plásticas, y da un sabor agradable a nuez tostada, que puede equilibrar el de soja y otros aceites ricos en ácidos omega 3. Como el aceite de algodón contiene una proporción de ácido palmítico más elevada que otros aceites de tipo linoleico (sobre el 20 %), esto le da más estabilidad y su peligro de contribución a las enfermedades cardiovasculares se ve muy atenuado por la alta proporción de ácidos grasos poliinsaturados del aceite de soja.

Aunque el aceite de algodón natural, y refinado para evitar el efecto del gossipol, una toxina natural propia de este aceite, puede surtir el efecto deseado de acuerdo con los fines propuestos para el aceite de soja, en la industria los aceites de algodón destinados a mezcla son sometidos a diferentes procesos de reordenación molecular de acuerdo con los fines que se persigan: elevar, o disminuir la temperatura de fusión de los aceites y darle una mejor plasticidad, ya que el aceite de algodón posee una particular estructura cristalina que se corresponde con las necesidades de empleo de los aceites vegetales en la industria y la alimentación.

En cuanto al aceite de canola, este es un aceite obtenido de semillas de variedades de colza que han sufrido transformaciones genéticas diseñadas para obtener variedades cuya composición de ácido erúcico descendiera entre un 90 y un 95 % de su valor original y así hacerlo consumible, dado que este ácido se considera una toxina natural, además, elevar a expensas de esa disminución los niveles de ácido oleico hasta hacerlo muy cercanos al contenido de este ácido en el aceite de oliva, considerado como uno de los mejores aceites protectores de las enfermedades cardiovasculares (**ECV**).

El aceite de canola proporciona cerca de un 10 % de ácido linolénico (omega 3) por lo que es de los aceites comestibles comunes, descontando el de lino, el que más aporta este ácido ante posibles carencias del mismo en el organismo. Sin embargo, es necesario destacar como se ha mencionado anteriormente, el relativamente significativo contenido remanente de ácido erúcico, que posee este aceite, según las normas menor del 5 %, pero esta resulta una cantidad necesaria de tener presente en su uso, además de que en algunas regiones del continente asiático como India y otros países limítrofes, aún se extrae aceite de las variedades originales de colza no sometidas a cambios genéticos y que este posee, como se ha expresado, un alto contenido de ácido erúcico, del orden del 50 %.

Con lo expuesto hasta ahora queda demostrado que ningún aceite vegetal en particular, y mucho menos las grasas animales o de modificación industrial, pueden suministrar las cantidades y tipos de ácidos grasos que necesita el organismo, incluyendo el bien ponderado aceite de oliva, que sería incapaz por si solo de brindar todos los tipos de ácidos, sobre todo el linolénico y los de cadena media: láurico, cáprico y caprílico.

Pero para simplificar el asunto, que parece que se convierte en un rompecabezas, el empleo de proporciones adecuadas de tres tipos de aceites: coco, girasol y alto oleico (oliva o girasol alto oleicos) en cantidades equivalentes, o hasta de dos: coco y girasol) con una pequeña proporción de aceite de soja o canola puede lograr los objetivos nutricionales óptimos previstos para suplir las necesidades básicas del organismo.

No obstante, lo que más abunda en la práctica es el uso de un solo tipo aceite vegetal por parte de los consumidores, atendiendo a diferentes razones, muchas de ellas de índole práctica, económica o territorial, de acuerdo con las fuentes de obtención de diferentes tipos de aceites, aunque en muchos casos los ácidos grasos necesarios de otros y tipos como omega 3 y 6 lo obtienen de otras fuentes de alimentos.

Así, en los estudios del consumo de aceite de coco por

los habitantes de las islas del pacífico a que se hizo referencia anteriormente en este estudio, parece que fuese común el pescado en su alimentación, un alimento rico en ácidos grasos omega 3. De ahí su posible óptimo estado de salud cardiovascular.

Es común en algunos países asiáticos grandes productores de aceite de palma el consumo de este aceite, puesto en el punto de mira de las principales organizaciones mundiales de salud atendiendo a su alto contenido de grasas saturadas constituidas a base de los ácidos grasos de cadena larga: palmítico y esteárico, aunque no se cuentan con suficientes estudios nutricionales al efecto y que además, la precariedad de vida no los expone a una posible sobrealimentación causante de trastornos aterogénicos y cardiovasculares, y por otra parte, no resulta fácil cambiar los hábitos alimenticios tradicionales de una población, habida cuenta, además del menor precio de este aceite en el mercado.

Por último, en cuanto a establecerse un tipo de dieta con base en el aceite de coco, como la mediterránea relativa al aceite de oliva, esto en cierta medida se hace con la "Dieta Cetogénica", cuyo estudio fue recogido en el capítulo I del presente libro y donde este aceite puede desempeñar un rol muy favorable por su capacidad para generar cuerpos cetónicos y por consiguiente inducir la cetogénesis.

En fin, las ventajas en la incorporación del aceite de coco en la dieta humana, así como sus desventajas pueden resumirse de la forma siguiente:

Ventajas y desventajas del empleo del aceite de coco en la dieta

Ventajas:

- Puede considerarse un aceite funcional
- A diferencia de la generalidad de los aceites vegetales comunes, contiene triacilglicéridos de cadena media que pueden promover con mayor facilidad la formación de cuerpos cetónicos, factibles de sustituir a la glucosa como fuente de energía en el metabolismo celular en zonas neurálgicas del organismo como el cerebro.
- Muestra propiedades fisicoquímicas óptimas para freír: temperatura de fusión, ebullición, de humo, etc., así como menor tendencia a la formación de radicales libres dañinos para la salud.
- Es muy resistente al deterioro: la oxidación y el enranciamiento, lo que facilita su almacenamiento por períodos de tiempo relativamente prolongados a temperatura ambiente o en frío y su empleo en la industria de la harina y las confituras, mejorando la textura y durabilidad de éstas
- Su perfil lipídico rico en ácidos grasos saturados de cadena media, dota a este aceite de propiedades antimicrobianas, por lo que posee cierta acción bactericida y antifúngica, que hacen que pueda actuar como protector o prevenir el crecimiento o desarrollo de colonias de microorganismos patógenos en el sistema digestivo.
- Algunos de sus componentes - los de cadena hidrocarbonada más corta – atendiendo a su menor complejidad molecular y mayor

solubilidad en medios acuosos, son fácilmente digeribles y pasan directamente al hígado desde el intestino delgado a través de la vena porta para ser metabolizados, facilitando la dinámica de este proceso.

- Posee un contenido calórico por unidad de masa ligeramente menor que otros aceites vegetales, a la vez que muestra menor tendencia a almacenarse en el tejido adiposo.
- El aceite de coco se puede emplear en forma virgen, con lo que mantiene componentes secundarios altamente beneficiosos para la salud, como antioxidantes, vitaminas y minerales, entre otros compuestos, lo que incrementa su valor nutritivo.
- Al poderse utilizar de forma virgen esta exento de aditivos químicos u otros componentes indeseables que se forman durante el proceso de refinación.
- No contiene ácidos grasos *trans* y en su obtención es sometido a un menor grado de calentamiento.

Desventajas:

- Posee un perfil lipídico con alta composición de ácidos grasos saturados, por lo que se encuentra en el punto de mira de las organizaciones mundiales de la salud, por el posible daño aterogénico asociado con este tipo de ácidos.
- Algunos de sus ácidos grasos componentes, como el mirístico y el palmítico, son considerados factores de riesgo de las enfermedades cardiovasculares.
- Eleva los niveles de colesterol total y lipoproteínas de baja densidad (**LDL**), aunque

recientemente se han hallado evidencias de que de igual manera lo hace con las lipoproteínas de alta densidad (**HDL**)

- Su contenido de ácidos grasos insaturados es muy pequeño, menor del 10%, incluyendo el ácido oleico considerado protector de las enfermedades cardiovasculares

- No contiene ácidos grasos poliinsaturados, ni esenciales del tipo omega 3 y 6, como el linoleico y el linolénico, que no los sintetiza el organismo y deben ser incorporados con la dieta.

- En países con climas fríos y templados permanece en estado sólido, lo que dificulta su uso en ensaladas o con otros fines en que sea necesario su empleo en forma líquida, aunque esto puede solucionarse mediante su mezcla con otros aceites vegetales de menor temperatura de fusión, como el de girasol, el de oliva, etc.

-El aceite virgen mantiene un sabor y olor remanente, que aunque para algunos puede resultar agradable al gusto y al paladar, pero para otros no.

 - Su precio actual en el mercado supera el de otros aceites vegetales, aunque esto varía de una zona geográfica a otra y esta relacionado con la cercanía de los centros de producción.

Como consideración final, es necesario reiterar que **el aceite de coco, más que todo, es un aceite vegetal con una composición química particular, que determina sus propiedades y características básicas** y como tal hay que verlo y emplearlo en lo que realmente sea más útil de acuerdo con dicha composición, incluyendo determinadas propiedades funcionales que posee, cuya evidencia se ha mostrado en los resultados de las investigaciones científicas más recientes realizadas en este campo, algunas de las cuales han sido recogidas en el texto.

OTRAS OBRAS
DEL AUTOR

QUÍMICA
DE LOS
ACEITES
VEGETALES

CALIXTO LÓPEZ
HERNÁNDEZ

ACEITE DE COCO

CALIXTO LÓPEZ HERNÁNDEZ

QUÍMICA
DEL
ACEITE
DE
OLIVA

CALIXTO LÓPEZ
HERNÁNDEZ

CALIXTO LÓPEZ HERNÁNDEZ

ACEITE DE AGUACATE

ACEITE DE MANÍ (CACAHUETE)

CALIXTO LÓPEZ HERNÁNDEZ

143

CALIXTO LÓPEZ
ROSALÍA ROUCO

ACEITE DE ALGODÓN

144

ACEITE DE
COCO
DIETA Y
OBESIDAD

CALIXTO LÓPEZ

OTRAS FUENTES BIBLIOGRÁFICAS

Adkins, ed. S.; M. Foale and Y. Samosir (2006). *Coconut revival new possibilities for the 'tree of life'*: proceedings of the International Coconut Forum held in Cairns, Australia, November 2005.

AOCS. (1997). Official *Methods and Recommended Practices of the American Oil Chemists Society, 5th ed.* D. Firestone (ed), AOCS Press, Champaign.

Astiasarán, Y. y J. Martínez, (2003). *Alimentos. Composición y propiedades.* McGraw-Hill Interamericana. Madrid.

Bach, A., Y. Ingenbleek and A. Frey, (1996). *The usefulness of dietary medium-chain triglycerides in body weight control: fact or fancy?* J Lipid Res 1996; 37: 708-726.

Babayan, V. (1987). *Medium chain triglycerides and structured lipids.* Lipids 1987; 22: 417-420.

Badui, S. (2006). *Química de los Alimentos. 4ta. Edic.* PEARSON. Adison Wesley. México.

Bailey, A. (1961). *Química de los Alimentos. 3ra. Edic. Editorial.* Addison Wesley Longman. México.

Coultate, T. (1998). *Manual de Química y Bioquímica de los alimentos.* Ed Acribia. España.

Departamento de Salud y Servicios Sociales de los Estados Unidos (2010). *Dietary Guidelines for*

Americans.

Drenick E, et al. (1972). *Resistance to symptomatic insulin reactions after fasting.* J Clin Invest 1972;51:2757–62.

Eldridge, J., D. Cooper and J. Peters.(2002). *A role for olestra in body weight management.* Obes Rev 2002; 3: 17-25.

Finley, J. et al. (1994). *Caloric availability of SALATRIM in rats and humans.* J Agric Food Chem 1994; 42: 495-499.

FDA (1996). *Food additives permitted for direct addition to food for human consumption; olestra, final rule.* Federal Register, Part III, 21 CFR part 172. US Department of Health and Human Services: Food and Drug Administration 1996; 61: 3118-3173.

Foale, M. (2003*). The Coconut Odyssey: The Bounteous Possibilities of the Tree of Life Canberra*: Australian Centre for International Agricultural Research. pp. 115-116.

Foster, R.; C. Williamson, and J. Lunn, (2009). *Culinary oils and their health effects.* Nutrition Bulletin 34 (1): 4-47.

Gunstone, F. (2002). *Vegetable oils in food technology.* Editor R. Hamilton. Blackwell Publishing CRC

Grimwood, B. (1979). *Coconut palm products: their processing in developing countries.* 2da. edición. Roma: FAO. pp. 193-210.

Hashim, S., A. Arteaga and T. Van Itallie. (1960). *Effect*

of a saturated medium-chain triglyceride on serumlipids in man. Lancet 1960; 1: 1105-1108.

https://pixabay.com/es/

Holt, P. (1967). Medium chain triglycerides. A useful adjunct in nutritional therapy. Gastroenterology 1967; 53: 961-966.

Hu, F., et al. (1997). *Dietary fat intake and risk of coronary heart disease in women.* N Engl J Med 1997; 337: 1491-99.

Hu, F. et al. (1999). *Dietary saturated fats and their food sources in relation to the risk of coronary heart disease in women.* Am. J. Clin Nutr 1999; 70: 1001-8.

Kritchevsky D. (1998). *History of recommendations to the public about dietary fat.* J. Nutr 1998; 128: 449-52.

Kromhout D, et al. (1995). *Dietary saturated and trans fatty acids and cholesterol and 25-year mortality from coronary heart disease: the Seven Countries Study* Prev Med 24: 308-15.

Krotkiewski, M. (2001). *Value of VLCD supplementation with medium chain triglycerides.* Int J Obes Relat Metab Disord 2001; 25: 1393-1400.

Lambruschini, N., A. Gutiérrez (Coord.) et al. (2012). Dieta Cetogénica. Spanish Publishers Associates © 2012.

López, C. (2018). *Química de los Aceites Vegetales.* Amazon Kindle KDP Publishing. ISBN. 9781980870401. Spain.

López, C. (2018). *Aceite de Coco*. Amazon Kindle KDP Publishing. ISBN 978198 2999483. Spain.

Lichtenstein A, et al. (1999). *Effects of different forms of dietary hydrogenated fats on serum lipoprotein cholesterol levels*. N Engl J Med (1999); 340: 1933-40.

Moreiras O. et al. (2007). *Tablas de composición de alimentos. 11ª edición*. Pirámide. Madrid.

Mozaffarian D, R. Clarke (2009). *Quantitative effects on cardiovascular risk factors and coronary heart disease risk of replacing partially hydrogenated vegetable oils with other fats and oils*. Eur J Clin Nutr 2009; 63: S22-S33.

Oliver A. et al. (2008). *El libro blanco de las grasas en la alimentación funcional*. 2008 Unilever España, S.A. ISBN: 978-84-612-7466-6, España

Pehowich DJ, A. Gomes and J. Barnes (2000). *Fatty acid composition and possible health effects of coconut constituents*.West Indian Med J. 49,128-33.

Petrauskaité V, W. De Grey and M. Kellens (2000). *Physical refining of coconut oil: Effect of crude oil quality and deodorization conditions on neutral oil loss*. J. Am.Chem. Oil Soc. 77, 582-586.

Ranhotra, G., J. Gelroth, and B. Glaser (1994). *Usable energy value of a synthetic fat (caprenin) in muffins fed to rats*. Cereal Chem 1994; 71: 159-161.

Rao R. and B. Lokesh (2003). *TG containing stearic acid, synthesized from coconut oil, exhibit lipidemic effects in rats similar to those of cocoa butter*, Lipids, 38, 913-918.

Siri-Tarino P., et al. (2010). *Meta-analysis of prospective cohort studies evaluating the association of saturated fat with cardiovascular disease.* Am J Clin Nutr 2010; 91: 535-46.

Stafstrom, C. and J. Rho. (2012). *The ketogenic diet as a treatment paradigm for diverse neurological disorders.* Pharmacol., 09 April 2012.

Swift, L., et al. (1992). *Plasma lipids and lipoproteins during 6 d of maintenance feeding with long-chain, medium-chain, and mixed-chain triglycerides.* Am J Clin Nutr 1992; 56: 881-886.

Taha A, S. Henderson S and W. Burnham. (2009*). Dietary enrichment with medium chain triglycerides (AC-1203) elevates polyunsaturated fatty acids in the parietal cortex of aged dogs: decline.*Neurochem Res. 2009 Sep;34(9):1619-25. Epub 2009 Mar 20.

Torrejón, C. y R. Uauy. (2011). *Calidad de grasa, arterioesclerosis y enfermedad coronaria: efectos de los ácidos grasos saturados y ácidos grasos trans.* Rev Med Chile 2011; 139: 924-931.

Warner K, and N. Michael-Eskin (1995). *Methods to asses quality and stability of oils and fat-containing foods.* AOCS Press. Illinois, USA. Cap. 2,9.

Zschau W. (2000). *Introduction to Fats and Oils Technology*, 2nd edn. Champaign, IL: AOCS Press.